직업군인
진로탐구

직업군인
진로탐구

이동환

머리말

과거 직업군인을 준비하던 사람들은 많은 정보를 수집하고 여러 가지 방법으로 직업군인이 되기 위해 노력하였다. 하지만 사회에 알려진 일반적인 정보는 직업군인 준비에 체계적이지 못하거나 부족함이 많다. 또한, 정보를 찾던 중 입영통지서가 나오거나, 주변의 압박 때문에 어쩔 수 없이 직업군인의 길을 포기하고 입대하는 경우도 있다. 그런데도 직업군인의 길을 알려주는 체계적인 정보나 안내는 부족하기만 하다.

해병대 정보통신 장교 복무를 끝내고, 처음 사회생활을 하던 당시 나는 청소년 노동인권, 리더십, 진로, 전문직업인 특강직업군인 등 청소년들과 소통하는 분야의 강사로 활동하였다. 그중 가장 많은 강의를 한 분야는 바로 전문직업인 특강으로 출강하는 직업군인 강의였다. 직업군인을 꿈꾸는 청소년들을 만나면서 과거 군 입대를 준비하며, 그 당시 많은 정보가 없어서 막막하고 답답했던 심정이 떠올랐다. 그러면서 직업군인을 꿈꾸는 청소년들이 그 꿈에 다가서는 방법을 알려주는 다양한 정보가 담긴 책이 있으면 좋겠다는 생각이 들었다. 결국 직업군인을 준비하는 청소년들이 편하게 읽을 수 있는 책을 써보자고 마음먹었고, 책 한 권으로 '직업군인'이 되는 방법을 한눈에 알기를 바라는 마음으로 이 책을 집필하였다.

수십 년 전만 해도 대한민국은 국제 사회의 도움이 절실히 필요한 빈국이었지만 이제는 국제 사회에 도움을 주는 선진국으로 발돋움하였다.

이러한 경제 발전 속에서 군대에도 많은 변화와 발전이 일어났다. 국군은 육군의 경우 병력 약 49만2,000명, 전차 약 2,300대, 장갑차 약 2,500대, 견인포·다연장 로켓 약 5,200문, 유도무기 약 30기, 헬기 약 600기를 보유하고 있다. 해군해병대 포함은 병력 약 6만8,000명, 잠수함 약 20척, 전투함정 약 140척, 지원함정 20척, 헬기·해상초계기 약 50대를 보유한다. 공군은 병력 약 6만5,000명, 전술기 460대, 감시통제기 약 40대, 공중 기동기 약 40대, 훈련기 180대, 헬기 약 40대를 보유한다. 이런 대한민국은 전 세계 군사력 순위 6위라는 쾌거를 이루게 되었다.

대한민국 국민은 헌법 제39조 1항에 명시된 바와 같이 6대 의무 중 하나로서 국방의 의무를 진다. 군인이란 "국가의 안전보장과 국민의 생명과 재산을 보호하기 위하여 일정한 조직체계에 소속되어 전투를 할 수 있도록 교육·훈련을 받고, 전시에는 직접 전투에 종사하는 사람"을 말한다. 국민을 수호하고, 국민을 위해 자신의 생명을 담보로 하여 존재한다는 특징이 있다.

최근에는 사회적으로도 과거와 다르게 다양한 매체들을 통해 군인에 대해 우리가 더 친근하게 느낄 수 있는 분위기로 바뀌고, 군대에도 많은 변화가 일어나고 있다. 자기계발을 할 수 있는 근무여건을 보장해주고, 부대 내에 있는 도서관에는 다양한 책들이 점점 많아지기 시작했으며, 병사들의 스마트폰 사용까지 가능해지면서 외부와 차단되었던 소통의 길이 점점 열리고 있다.

직업군인은 장학금 제도대학교, 대학원와 국가자격증 시험응시 등 현역군인들에게 부여되는 다양한 혜택을 이용해 군 전역 후 제2의 인생을 준비하는 경우가 많다. 또 군 경력을 활용해 공공기관 취업, 군 관련 학과 교수, 예비군 지휘관, 창업, 귀농, 기업 임원 등 사회의 다양한 분야로 진출할 기회가 주어진다. 군인연금제도는 즉시 연금제도로 군인들이 전역 후 노후 생활에 대한 걱정 없이 열악한 여건을 감내하면서 군 복무에 전념할 수 있게 하는 매우 중요한 보상 기능을 수행하고 있다. 또한, 우리나라는 일반 공무원은 연금이 65세부터 지급이 되지만 군인연금은 최소 복무기간20년을 채운 뒤 전역하면 나이와 상관없이 전역 즉시 연금이 지급되고 있다.

책에서는 직업군인에게 주어지는 다양한 혜택과 원하는 분야에 도달하기 위한 경로와 방법을 자세하게 제시하고, 최신 정보를 수록하여 불편함이 없도록 최선을 다하였다. 책을 읽으며 직업군인이 되기 위한 밑그림을 차분하게 그려보기 바란다.

독자들이 궁금해하거나 강의 중 질문을 받았던 내용도 최대한 반영하여 책에 정리하였다. 물론 책을 꼭 다 읽을 필요는 없다. 본인이 희망하는 분야만 골라서 읽어도 무방하다. 이 책이 직업군인이 되기를 희망하는 사람들에게 도움이 되고 유능한 직업군인의 길을 가는 데 일조하기를 희망한다.

2022.12.

이동환

차례

2장 직업군인의 종류와 준비방법

3장 대한민국 육군 (Republic of Korea Army)

4장 대한민국 해군 (Republic of Korea Navy)

5장 대한민국 공군 (Republic of Korea Air Force)

1장

탁월한 선택, 직업군인의 길

1
직업군인은 무엇일까?

요즘과 달리 1980~90년대에는 공무원이라는 직업이 인기 없는 직업 중 하나였다. 하지만 시대가 변하여 요즘은 가장 안정적인 직업으로 공무원을 꼽는다. 많은 청년이 공무원 준비에 여념이 없고, 통과하기도 매우 어렵다.

특히 특정직 공무원에 도전하는 사람들은 더욱 늘어나고 있다. 특정직 공무원이란 국가의 안전과 방위, 사회의 질서유지, 또는 교육 등의 분야의 업무를 담당하는 공무원으로서 법관, 검사, 외무공무원, 경찰공무원, 소방공무원, 교육공무원, 군무원, 군인과 국가정보원의 직원 등을 말한다. 그 밖에 특수분야의 업무를 담당하는 공무원 중 법률로서 특정직 공무원으로 지정하는 공무원이 이에 포함된다.

최근에는 직업군인에 도전하는 청년들도 늘어나고 있고 남성뿐만 아니라 여성들에게도 인기 직종이 되고 있다. 과거 군 생활과 비교해 생활과 여건이 많이 개선된 것도 직업군인 지원자를 늘리는데 한몫했다. 대한민국이 선진국 반열에 오르면서 군대 문화가 획기적으로 달라지고 복지 혜택도 늘어나고 있다. 직업군인은 부사관·준사관·장교로 나뉘는데 군대조직이기 때문에 당연히 규범이나 규율이 엄격하지만 점점 계급 간의 상호 존중을 통해 상생을 도모하고 있다.

군인에게 체력은 가장 중요한 필수요소이며, 이지스함과 같은 첨단무기장비 등에 민간기술 이상의 고도화 기술들을 활용함으로써 이를 운영하고 정비하기 위한 전문기술 엔지니어로서의 군인들도 많이 필요하다.

직업군인은 국가의 안전과 방위를 책임진다는 점에서 상당히 명예로운 직업이다. 또 선진국이 될수록 타 직업보다 연금과 복지 같은 경제적인 면에서도 큰 혜택을 누릴 수 있다. 국가가 존재하는 한 군인이란 직업은 사라지지 않기 때문에 직업의 안정성 면에서도 직업군인은 상당히 매력적인 직업이라고 할 수 있다.

직업군인의 업무

직업군인의 기원은 14세기경 이탈리아에서 출현한 용병대라고 보는 학설이 있으나, 현대적인 직업군인의 발생 과정과 그 시기는 나라마다 다르다. 순수한 직업군인은 근세, 특히 18세기 이후에 대부분 출현했다. 오늘날의 직업군인은 일반적으로 전문적인 군사교육기관 등에서 일정한 교육을 받고 일정한 나이에 달해서 퇴역할 때까지 군대에 복무하는 군인을 가리키며, 법률에 따라서 일정한 기간만을 복무하는 의무병과는 구분된다.

직업군인은 지휘관이 되거나 참모로서 전문 업무를 수행한다. 그러나 어떤 군인이든, 기본적으로 각종 훈련을 견딜 수 있는 강한 체력과

정신력이 요구되며, 장교의 경우 분석력과 통찰력, 결단력, 판단력 등을 갖추어야 한다. 또 조직 속에서 통제된 생활을 해야 하므로 이것들을 이겨낼 수 있는 절도 있는 생활 자세와 인내심이 필요하며, 올바른 국가관, 책임감과 동료들과 원만한 관계를 유지할 수 있는 대인 관계 능력이 있어야 한다.

직업군인은 외적인 군사 위협으로부터 국가를 보위하고, 전쟁을 억제하며, 군사적 긴장을 완화시켜 평화와 안정을 이룩하는 일을 가장 큰 임무로 한다. 직업군인은 크게 지휘관과 참모, 분야별 전문가로 구성된다. 지휘관은 일반 병사를 관리하고, 지휘 통솔하는 임무를 담당한다. 참모는 지휘관을 보좌하여 정보·작전·인사·군수 등의 전문 업무를 수행한다. 한국의 직업군인은 남·북한 간의 군사분계선 감시 및 관리, 해안선 및 국가 중요시설에 대한 경계를 수행하며, 비무장지대와 해안, 내륙 지역의 적 예상 은거지 등에 대한 수색 정찰을 한다. 이 밖에도 국가 기간산업의 보호, 환경보호 활동 지원, 지역개발 지원, 구난·구조, 테러 방지 활동, 마약밀수 방지 활동, 분쟁지역에 대한 평화유지 활동, 해양수송로 보호 등의 일을 담당한다.

한국에서의 직업군인은 지원에 의해 장기 복무하는 부사관은 하사·중사·상사·원사, 준사관은 준위를 말하고, 장교는 위관급은 소위·중위·대위, 영관급은 소령·중령·대령, 장성급은 준장·소장·중장·대장을 말한다. 한국은 징병제도를 택하고 있어, 적절한 연령대의 모든 남성은 의무적으로 병역의 의무를 필해야 하는데, 의무로 복무하는 병사는 대부분 병으로 복무하며, 근래 크게 인상되었다고 하지만 현저하게 낮은 급여를 보상으로 받으므로 이 경우는 직업군인으로 보지 않는다. 또한 의무복무기간을 요청받는 학군사관, 학사장교, 간부사관 등의 경우, 대우는 직업군인과 같은 수준이지만 복무기간이 한정되어 있으므로 전적인 직업군인으로 보기는 어렵다.

군 복무가 징병제로 운영되는 우리나라에서는 지원에 의해 장기복무하는 장교, 준사관, 부사관을 직업군으로 볼 수 있고, 미국과 같은 모병제로 운영되는 나라에서는 모든 계급이 직업군인이 된다.

▌직업군이 되기 위한 조건

직업군인이 되기 위한 조건은 경우에 따라 다르다. 장교가 되기 위해서는 전문대학 이상의 학위가 필요하고, 특수사관의 경우 필요한 자격을 취득한 사람에 한해 지원할 수 있다. 부사관은 병역의무를 마치지 않은 고졸 이상 학력 보유자이면 지원할 수 있다.

장교가 되는 건 육·해·공군사관학교, 3사관학교, 간호사관학교, 학군사관ROTC, 학사사관, 전문사관, 학사예비장교후보생, 군가산복무지원금 지급대상자, 단기간부사관, 예비역의 현역 재임용 등 다양한 방법이 있다.

부사관 역시도 학군부사관후보생RNTC, 민간부사관, 현역 부사관, 군가산복무지원금 지급대상자, 임관 시 장기복무 부사관, 전문하사, 특전부사관 등 다양하다.

준사관은 부사관으로 입대하여 상사 이상의 계급에서 진급시험을 실시해서 합격해야만 준위로 진급할 수 있다. 그 외 항공 준사관, 통·번역 준사관 등 지원자격에 맞춰 준사관에 지원하는 방법도 있다. 이외에도 특수사관법무·군의·치의·간호 등은 해당 분야의 학위 등 자격이 있는 사람에 한해 지원할 수 있다.

직업군인의 길은 누구나 쉽게 경험할 수 없는 소중한 기회이며 힘이 들 수는 있지만, 가장 명예롭고 보람되며, 자랑스러운 길이라는 것을 기억해야 한다.

2
직업군인은 특정직 공무원이다

취업난과 불경기는 어제오늘 이야기가 아니다. 계속되는 취업난과 불경기로 청년들의 관심은 안정적인 직장으로 인식되는 공무원으로 쏠리고 있다. 정년과 안정적인 수당에 대한 보장이 확실하기 때문이다. 이처럼 많은 청소년과 청년이 공무원을 희망하는 가운데 공무원 종류의 하나인 특정직 공무원인 직업군인의 인기가 급격히 증가하고 있다.

공무원은 크게 국가공무원과 지방공무원으로 구분되며, 이 중에서도 또한 경력직과 특수경력직으로도 구분된다. 경력직 공무원은 실적과 자격에 의하여 임용되고 평생의 직업이다. 또한, 특수경력직 공무원은 경력직 공무원 외의 공무원으로 정년이 정해져 있다. 경력직 공무원 중 일반직 공무원은 우리가 흔히 통상적으로 말하는 공무원이다. 일반직 공무원은 기술·연구 또는 행정 일반에 대한 업무를 담당한다.

▌특정직 공무원

특정직 공무원은 법관, 검사, 외무공무원, 경찰공무원, 소방공무원, 교육공무원, 군인, 군무원 및 국가정보원장의 직원과 특수분야의 업무를 담당한다. 기능직 공무원은 국가기술자격법에 의해 기능 자격증을 취득하고 사무보조원이나 철도, 체신 업무, 운전 등 기능적인 업무를 담당하는 공무원을 말한다.

특정직 공무원 중 경찰공무원은 국민의 자유와 권리 보호를 위하여 범죄의 예방·진압 및 수사·요인경호·교통의 단속과 위해의 방지로 공공의 안녕과 질서유지를 주 임무로 한다. 소방공무원은 화재를 예방·경계하거나 진압하고 화재, 재난·재해, 그 밖의 위급한 상황에서의 구조·구급 활동 등을 통하여 국민의 생명·신체 및 재산을 보호한다. 살펴본 것처럼 경찰공무원과 소방공무원은 국가의 치안과 소방을 담당하는 공무원이다.

이외에도 별정직 공무원은 특정 업무를 담당하기 위하여 일반직과 다른 방법으로 임용된 공무원을 말하는데, 별정직 공무원에는 비서관, 비서, 노동위원회 상임위원 등이 있다.

의무교육이 있고 군사부일체라 하여 스승을 툪게 평가했던 우리나라에서 교사들은 사회적 대우를 받는 존재이다. 사립학교 교사는 공무원이 아니지만, 국공립학교 교사들은 대부분 교육공무원의 신분을 가지게 된다. 그러므로 국공립 유치원, 초·중·고등학교의 교장, 원장, 교감, 원감, 수석 교사, 교사 그리고 대학에서는 교수와 부교수, 조교수 등이 교육공무원이다. 장학관과 장학사, 교육을 연구하는 분야에 있는 사람들도 교육공무원으로 볼 수 있다. 교육공무원 자격은 우수한 전문지식을 습득하여 임용고시를 통과해야 주어진다.

▌특정직 공무원 직업군인의 길

직업군인 또한 특정직 공무원에 해당한다. 직업군인은 다른 분야의 특정직 공무원과 비교하여 시험과목이 적은 편이며, 시험 난이도 또한 높지 않은 편이다.

그 이유는 직업군인에게 가장 필요한 요소는 기본적으로 각종 훈련을 견딜 수 있는 강인한 체력과 정신력이며, 간부로서 분석력과 통찰력, 판단력 등을 갖추는 것이 우선이기 때문이다. 또한, 통제된 생활을 이겨낼 수 있는 절도 있는 생활 자세와 인내심이 필요하며, 올바른 국가관, 책임감과 동료들과 원만한 관계를 유지할 수 있는 능력도 갖추어야 한다.

직업군인은 일반직 공무원과 동일한 급수로 신분을 가지게 된다. 직업군인의 가장 낮은 계급인 하사로 임관하면 9급 공무원에 해당하고, 각 군 사관학교 ROTC, 3사관학교, 간호사관학교, 학사사관 등을 통해 위관장교인 소위로 임관하면 공무원 7급에 해당한다. 이렇게 임관과 동시에 직업군인은 공무원과 동일한 급수에 해당하는 보수를 받게 된다.

직업군인은 급별, 호봉별 급여에 각종 수당이 추가되면 국내에 있는 중견기업의 임금 수준과 비슷하고, 이에 더해 독신자 숙소와 결혼을 하면 관사가 지원되어 전셋값, 집값 걱정 없이 안정적으로 가정을 꾸려 나갈 수 있다. 이외에도 자녀 교육지원, 20년 이상 근무 후 퇴직 시에는 즉시 연금 수령이 가능한 군인연금, 개인 발전의 기회 제공, 군 전용 복지시설 등의 혜택이 있다.

자녀교육 지원은 학비 전액 지원, 장학금 지급, 무이자 대출 등이 있으며, 각종 학위과정 전액·일부 지원이 되며, 국방부 주관 국가기술자격 검정시험으로 자격증을 취득할 수 있는 기회까지 부여된다. 독신자 또한 숙식이 제공되고, 지출을 최소화할 수 있는 의복비, 교통비, 피복류 등을 무상 지급하기 때문에 최단 시간에 목돈마련이 가능하다.

이러한 혜택과 근무환경들은 현업에 종사하는 직업군인들의 만족도를 높여주고 있으며, 일반인들에게도 직업군인의 인기 역시 꾸준하게 상승하고 있다.

한편 직업군인은 아니지만 군 관련 특정직 공무원으로 군무원이 있다. 군무원은 국방부 직할부대 또는 육·해·공군 본부 및 부대에서 군인과 함께 근무한다. 군무원은 육·해·공군의 각급 부대에서 정비·보급·수송 등의 군수지원 분야, 정보 및 작전 분야의 행정업무, 일부 전투 지원 분야의 업무를 담당한다.

군무원제도를 도입한 배경은 국방업무의 효율적인 수행을 위해서다. 군인은 업무의 지속성이 상대적으로 떨어지는 반면, 군무원은 비교적 지속성을 유지할 수 있다는 장점이 있다. 하지만 군무원은 엄격한 의미에서 직업군인은 아니므로 이 책에서는 자세하게 다루지 않는다.

3

직업군인 제도의 발전과 처우 개선은 계속된다

대한민국 군인의 직접적인 시초는 대한민국 임시정부 소속 한국광복군이며 더 뿌리를 거슬러 올라가면 구한말 의병과 대한제국군이 있다.

대한민국의 초기 군대는 모든 면에서 열악했다. 1950년 6월 25일 한국전쟁 당시 대한민국 국군은 부족한 병력과 장비에도 불구하고 최선을 다해 싸웠으나, 전면적인 비상이 풀린 상황에서 북한군에 당한 기습이었기 때문에 상당히 고전할 수밖에 없었다. 오직 미군의 지원이라는 희망 한 가닥만을 안고, 소련의 지원을 받은 당시 동아시아에서 가장 현대화된 군대인 북한군과 싸워야 했기 때문이다. 국군은 미군 등을 통해서 지원받은 군복과 총 한 자루 정도 지급한 채, 아무것도 가르치지 못한 신병들을 전쟁에 투입하는 상황이었다. 또한, 북한군으로부터 노획한 무기들을 보급하여 사용하는 지경이었다. 개인화기마저 부족한 상황에서 다른 것의 보급은 말할 필요가 없을 정도였고 방탄 헬멧도 부족한 상태에서 전투를 해야 했다.

게다가 북한군 포로들이 한국군 병사들보다 더 잘 먹는 모습에 대한민국 군인들의 충격이 대단했었다는 기록이 있을 정도였다.

한국전쟁이 끝난 뒤에도 많은 소규모 전투가 있었으며, 이후 경제 발전과 더불어 국군의 모습도 점점 발전했다. 1960년 중반에는 베트남 전쟁에 참여하여 국제전을 처음 경험했는데 이때 미군보다 월등한 전투력을 보이며 '한국군이 정말 강하더라'라는 인상을 남겼다. 한국군은 모든 연합군 부대를 능가하는 뛰어난 전투 능력을 과시해 보였고, 이때의 경험과 무기 등을 이용하여 독자적인 발전을 시작하게 된다.

국방력의 변화

수십 년 전만 해도 대한민국은 국제 사회의 도움이 절실히 필요한 빈국이었지만, 이제는 국제 사회에 도움을 주는 선진국으로 발돋움하였다.

이러한 경제 발전 속에서 군대에도 많은 변화와 발전이 일어났다. 국군은 육군의 경우 병력 약 49만2,000명, 전차 약 2,300대, 장갑차 약 2,500대, 견인포·다연장 로켓 약 5,200문, 유도무기 약 30기, 헬기 약 600기를 보유하고 있다. 해군해병대 포함은 병력 약 6만8,000명, 잠수함 약 20척, 전투함정 약 140척, 지원함정 20척, 헬기·해상초계기 약 50대를 보유한다. 공군은 병력 약 6만5,000명, 전술기 460대, 감시통제기 약 40대, 공중 기동기 약 40대, 훈련기 180대, 헬기 약 40대를 보유한다. 이런 국방력으로 대한민국은 전 세계 군사력 순위 6위라는 쾌거를 이루게 되었다.

직업군인 처우의 끊임없는 변화

우리 국방은 북한 위협의 불확실성, 역내 잠재적 위협의 증가, 초국가적·비군사적 위협의 확산, 인구절벽으로 인한 병역자원의 부족, 국방재원 제한 등 다양한 도전과 제약에 직면하고 있으며 이는 국방개혁의 추진을 어렵게 하고 있다.

4차 산업혁명은 안보환경의 도전과 제약 속에서 사회는 물론 국방 모든 분야에 새로운 발전과 도약을 마련해 줄 것으로 기대된다. 전문가들은 미래에 AICBM인공지능, 사물인터넷, 클라우드, 빅데이터, 모바일으로 대표되는 4차 산업혁명의 다양한 첨단기술이 활용·융합되어 국가시스템 및 사회 전반의 혁신적 변화를 창출할 것으로 예상한다. 국방 분야도 자율 무인체계의 확대 등 새로운 무기체계의 출현과 함께 전쟁 양상의 혁신적 변화를 맞이할 것이다.

이제 우리 군도 4차 산업혁명의 첨단기술을 활용할 것이며, 최근 시간적·공간적 제약으로 교육훈련 환경의 제한이 커지는 상황에서 이를 극복하기 위해 VR·AR, 시뮬레이터 등 첨단기술을 활용한 LVC 기반의 실감형 과학화 훈련체계 구축으로 '상시 실전형 훈련' 보장 및 부대·개인 전투력이 향상될 것이다. 또한, 삶의 질을 개선하기 위하여 빅데이터 및 인공지능AI 등 4차 산업혁명 기술을 장병 복지와 생활에 밀접한 안전, 의료, 인사, 급식·피복 분야에 활용하여 장병 삶의 질 개선 및 재난 발생 시 효율적인 국방통합재난관리를 추진하고 있다.

인공지능, 빅데이터 등 4차 산업혁명 핵심기술 접목도 각 군별로 차근차근 진행되고 있다. 첨단기술을 활용한 장병들의 삶의 질 개선을 위해 급식 빅데이터 구축, 이동형 원격진료체계 구축, 체형측정기 도입, 육군의 '스마트 부대', 해군의 '스마트 네이비', 공군의 '스마트 비행단' 등 각 군이 스마트 부대를 구축하고 있다. 교육훈련 역시 증강·가상현실 AR·VR 기반의 가상 훈련체계를 통한 실전적인 교육훈련 조성과 신형 소대급·포병훈련용 마일즈 장비 도입, 군단급 과학화 훈련장 구축 등을 통해 시·공간을 뛰어넘고 있다.

근무여건에도 많은 변화가 이어지고 있다. 불편함이 없는 임무 수행 보장을 위해 보온성이 향상된 패딩형 동계점퍼를 보급하고, 컴뱃셔츠여름철에도 정상적인 훈련이나 활동이 가능하도록 기능성 소재로 만든 옷 보급기준을 확대하고 있으며, 의료 시스템도 분당 서울대병원과 국군외상센터가 협력 운영을 통해 진료능력을 확보해나가고 있다.

이처럼 오늘날 우리 군은 국가 경쟁력 향상에 발맞춰 첨단기술과 훈련 프로그램, 인재 양성 과정을 통해 강하고 인권 친화적인 군대로 발전을 거듭하고 있다.

국방부는 힘으로 평화를 뒷받침하는 강한 군대 조기 건설, 전방위 안보위협에 대응할 수 있는 첨단 과학기술 기반 군 구조 발전, 고효율·선진화된 국방운영체제 구축과 인권·복지 구현을 통해 사기 충만한 병영문화 정착, 장비·물자, 직업군인의 처우 등에 이르기까지 끊임없는 발전을 이루어 가고 있다.

4
직업군인의 주거혜택

우리나라 직장인이 서울에 아파트를 하나 장만하려면 월급을 한 푼도 안 쓰고 약 22년 가까이 모아야 한다고 한다. 정규직으로 취업하기도 힘든 현실에서 내 집 마련의 꿈은 점점 멀어지고 있다. 직장인들이 월급을 모아 집을 마련하는 꿈은 과거의 추억이 되어버렸다. 사회 초년생도 거주지 주변이 아닌 곳으로 취업했을 경우 주거 문제가 가장 큰 고민으로 다가온다.

생활의 주된 지출 요인은 의식주인데, 그중에서도 가장 큰 비중을 차지하는 것이 주거비용이다. 이 때문에 만약 주거비용을 아낄 수 있다면 그 비용을 다른 곳에 투자하거나 저축할 수 있어 자산을 불리는 데 큰 도움이 된다. 직업군인에게는 다양한 주거 혜택이 제공되므로 그것을 잘 알고 활용한다면 내 집 마련을 쉽게 이룰 수 있다.

직업군인의 숙소

직업군인들에게는 기본적으로 부대 인근에 '간부 숙소'가 제공되며, 숙소가 제공되는 가장 큰 이유는 상황 발생 시 신속한 임무 수행과 충분한 휴식이 필요하기 때문이다.

군인은 명령에 따라 움직인다. 어느 날 들어보지도 못한 낯선 지역으로 떠나야 할 때도 있고, 음식점이나 편의점을 가기 위해 20분~30분 이상을 이동해야 하는 곳으로 갈 수도 있다. 따라서 안정적인 임무 수행을 위해 직업군인에게는 기본적인 주거 혜택이 주어지며, 제공되는 주거의 형태는 상황과 여건에 따라 다르다. 직업군인이 거주하는 숙소는 크게 독신자 숙소, 기혼자 숙소, 민간주택 3가지로 나누어진다.

독신자 숙소는 독신미혼 직업군인을 위해 부대 내 혹인 부대 근처에 제공되는 주거시설을 말한다. 부대 근처에 세워지는 것이 대부분이며, 군 조직 특성상 철저하게 성별로 나누어 건물을 배정하며, 여군 전용 시설이 없는 경우 부대 인근 민간주택을 임대해 여군 숙소로 쓰기도 한다. 이성간 숙소 출입도 금지되어 있다. 지역마다 부대마다 시설이 천차만별이지만 보통 방 크기는 원룸 수준으로 침대 하나와 책상 하나 등이 있으며, 화장실과 발코니가 딸린 곳도 있다. 소규모 부대나 열악한 환경의 부대일 경우에는 2인 1실을 쓰기도 하는데, 현역 시절 2인 1실을 약 1년간 사용해본 경험으로 보면 큰 불편함은 없었다. 함께 저녁을 먹고, 이야기를 나누며 저녁 시간 퇴근 후 혼자 집에 들어오는 적막함과 쓸쓸함을 느낄 수 없었던 시기였다.

기혼자 숙소는 관사라고도 하는데, 관사官舍는 관청에서 내주는 관리

들이 사는 집을 말한다.

군대의 관사는 가족이 있는 직업군인기혼자에게 제공되는 주거시설을 말하며, 대체로 오래된 곳이 많고 평수가 15평에서 24평 수준으로 좁은 편이다. 하지만 최근 시설이 오래된 부대를 중심으로 기존 관사를 허물고 민간업체가 공사 후 운영권을 임대받는 방식으로 신 관사가 지어지고 있으며, 민간업체의 관리를 통해 최적의 주거환경을 제공하고 있다. 군 관사의 최고 장점은 각 군 규정 및 부대의 위치에 따라 약간의 차이가 있지만 입주 보증금과 관리비가 매우 저렴하다는 점이다.

그 외에도 전세 자금이나 월세 지원을 통한 민간주택임대사업도 확대되고 있다. 아무래도 관사는 시민들과 생활권이 멀거나 접근성이 떨어지는 점, 새로운 트렌드를 따라가지 못하는 단점 등이 있다. 그런 단점을 극복하고 더 나은 주거환경을 제공하기 위해 민간주택 임대사업을 진행하고 있다. 이것은 직업군인의 주거선택에 대한 자율성뿐만 아니라 주거환경에 대한 편의성을 높일 수 있고, 거주 환경이 관사보다 훨씬 더 좋기 때문에 많은 이들의 관심이 집중되고 비중도 커질 전망이다.

향상되는 주거환경

통상 직업군인은 2년 주기로 보직이 변경되는데 전방과 후방, 동부전선양구, 인재, 고성 등과 서부전선강화도, 김포, 파주 등, 중부전선포천, 철원, 화천 등, 수도권과 지방 등 군부대가 있는 어디든 명령에 따라 이동한다. 모든 직업군인이 이러한 상황을 겪는 것은 아니지만, 다른 직업군보다 이사를 자주 한다는 것은 사실이다.

과거에는 부대 이동 시 거주하고 있는 숙소를 즉시 퇴거해야 했기 때문에 학교에 다니는 자녀가 있는 직업군인은 많은 어려움이 있었다. 하지만 이러한 문제를 해결하기 위해 부대 이동 시에도 일정 기간 기존 숙소에 거주할 수 있도록 제도를 변경하면서 어려움을 해소할 수 있게 됐으며, 전·월세 대출 지원방식을 다양화하면서 민간주택일반아파트을 활용해 주거선택권을 높이고 있다.

또한, 전문기관을 통해 간부 숙소 관리 업무를 위탁해 전문성과 효율성을 높이고 있으며, 덕분에 기혼자들의 주거 여건도 개선되고 사회적 눈높이와 보조를 맞추고 있다.

최고의 직주근접

우리나라 직장인들은 OECD 국가 중 두 번째로 출퇴근 시간이 길고, 출퇴근 스트레스로 많은 피로감을 느끼고 있는 것으로 확인되었다. 평균 출퇴근 시간은 55분으로 가장 긴 소요시간을 기록한 국가56분와 1분 차이었다. 만약 '직장과 집 간의 거리가 가까운' 직주근접職住近接이 이뤄진다면 직장 생활의 만족도는 올라가고 업무의 집중력과 효율성은 증대할 것이다.

직장과 주거지의 접근성을 뜻하는 직주근접은 오늘날 삶에 큰 영향을 미치는 중요한 요소로 자리 잡았다. 직업군인들은 보통 숙소가 부대와 인접해 있거나 부대 안에 있는 경우도 있으며, 본인이 근무하던 부대

들도 모두 부대에서 숙소까지 10분 이내의 거리이다. 직주근접 숙소는 출퇴근 시간을 줄일 수 있어 퇴근 후 개인 여가 생활을 즐길 수 있고, 사람이 많이 몰리는 출퇴근 시간을 피해 직장으로의 이동이 가능하다. 또한 워라밸Work-life balance, 일과 삶의 균형을 지키려는 사람들이 늘어나고 있다는 점에서 어느 지역으로 이사를 하더라도 군인의 숙소는 최고의 직주근접이다.

이처럼 직업군인의 주거 관리방식과 주거시설의 품질은 날로 개선되고 향상하고 있으며, 다양한 주거 여건을 제공은 직업군인의 매력적인 복지 혜택 중 하나이다.

5
직업군인의 연금 혜택과 정년

나이가 들어 은퇴하게 되면 소득이 사라지거나 많이 감소하기 마련이므로 노후 생활을 안정적으로 하기 위한 대비가 필요하다. 노후 생활의 안정을 위해 필요한 것 중 하나가 바로 '연금'이다.

연금年金, annuity이란 소득 일부를 일정 기간 납부하여 퇴직 혹은 사망 등의 사고가 발생한 경우 계속해서 지급 받는 급여를 말한다. 연금은 임금이나 사업소득이 없거나 자녀 등 부양자로부터 도움을 받을 수 없는 불안한 상태에서 주요 생계수단이 된다. 따라서 장해·노령·부양의무자의 사망 등으로 소득을 창출하기 어려운 상황에 대비하여 설정된다.

근대 산업사회 이전 농경사회에서는 은퇴의 개념이 없었고, 비록 늙거나 병이 들어서 일을 할 수 없더라도 가족의 부양으로 노년의 생계를 유지할 수 있었다. 그러나 산업화와 도시화로 불가피하게 은퇴 이후 생계 문제가 막연해지고 소가족화 등으로 가족에 의한 부양 자체가 힘들어지면서 다양한 형태의 연금제도가 필요하게 되었다.

평균수명의 연장으로 연금의 중요성은 더욱 커졌다. 과거에는 은퇴 후 생존 기간이 길지 않았기 때문에 노후대비가 그렇게 중요한 문제가 되지는 않았다. 하지만 평균수명의 연장으로 은퇴 후 근로소득이 없는 기간이 갈수록 길어지고 있다. 따라서 노후 소득의 불안은 더욱 높아지는상황이다. 통계청에서 15세 이상 인구를 대상으로 조사한 결과를 보면 청소년 3명 중 2명은 자녀가 부모를 부양하지 않아도 된다고 생각하는 것으로 드러났다. 이제는 자신의 노후는 스스로 준비하지 않으면 안 되는 시대가 온 것이다.

연금에는 국가가 보장하는 공적연금, 기업이 보장하는 퇴직연금, 개인이 준비하는 개인연금이 있다. 공적연금公的年金은 국가가 운영 주체가 되는 연금으로, 한국에서는 국민연금, 공무원연금, 군인연금, 사립학교교직원연금이 이에 해당한다. 국민연금은 국민 개개인의 노후 생활에 필요한 최소한의 생활비를 보장해주기 위하여 국가적으로 시행하는 제도이며, 만 18세 이상 60세 미만인 자는 의무적으로 가입해야 한다. 이에 비해 개인연금은 본인의 희망에 따라 가입하는 사적 연금으로서, 노후 생활을 대비한 저축 상품의 일종이다. 한편, 퇴직연금은 기업이 임직원의 노후 소득을 보장하기 위해 재직 중에 퇴직 급여를 별도의 금융회사에 적립하고 근로자가 퇴직할 때 일시금 또는 연금 형태로 지급하는 연금을 말한다.

직업군인 연금

군인연금은 직업군인의 가장 큰 보상 중 하나이며, 근속 기간 20년을 채우면 연금수령 대상자가 된다.

연금에서 가장 중요한 것은 언제부터 받느냐이다. 대부분 연금은 노동능력의 상실 시기인 정년 이후에 지급받는데 노동능력 상실 시기라 함은 법에서 정한 정년퇴임 시기라 할 수 있다. 공무원연금이나 국민연금 모두 이 시기를 연금 지급 기준시점으로 잡고 있다.

하지만 군인연금은 다르다. 퇴역한 직후부터 연금수령이 가능하다. 한국인의 기대 수명이 80세인 점을 고려한다면 40대 중반에 퇴역한 군인은 35년 넘게 연금을 지급받는 셈이다. 65세부터 연금지급권을 갖는 공무원연금과 비교해 보면 20년 이상 더 혜택을 받을 수 있다. 이렇게 다른 연금 수급자보다 이른 나이에 연금이 지급되는 것은 군 복무의 특수성을 고려한 것이다. 군인연금은 군인들이 열악한 여건을 감내하면서 전역 후 생활에 대한 걱정 없이 군 복무에 전념할 수 있게 하는 매우 중요한 인센티브 기능을 수행하고 있다. 특히, 군인의 임무를 대체할 인력은 군인밖에 없으므로, 군인연금은 군이 우수한 인력을 확보하여 선진강군으로 나아가기 위한 국가안보비용이라고 할 수 있다.

직업군인의 정년

공무원의 가장 큰 장점은 정년이 보장된다는 점이다. 대기업이나 공기업에 비해 낮은 봉급에도 불구하고 취업 시장에서 청소년·청년들에게 인기가 높은 이유이기도 하다.

하지만 정년이 모두 동일한 일반직 공무원과는 다르게 경찰, 군인과 같이 계급이 존재하는 특정직 공무원에는 별도의 정년 제도가 있다. 부사관 이상 간부급 현역군인은 모두 정년 규정을 적용하며, 군인의 정년 규정은 연령정년, 근속정년, 계급정년 등 모두 3가지가 있다.

'근속정년'은 조직구성원이 일정한 기간 근속하면 자동으로 퇴직시키는 정년 제도이다. '연령정년'은 일정한 나이에 도달하면 자동으로 퇴직하도록 하며, '계급정년'은 일정 기간 승진하지 못하고 동일 계급에 머물 경우 퇴직시키는 제도이다. 부사관의 경우 계급정년이나 근속정년은 없고 연령정년만 적용받는다. 그러나 준위부터 대령까지 위·영관 장교의 경우는 연령·근속정년 두 가지 모두 해당한다.

예외로 사관학교 교수 요원으로 근무 중인 장교와 국방대학교의 교수, 군의관의 경우 이들의 연령정년은 60세로 근속정년 및 계급정년을 적용받지 않는다.

직업군인도 공무원이기 때문에 직업군인이 되기만 하면 60세까지 근무가 가능하다고 오해하는 경우가 있는데, 직업군인이 되면 정년까지 근무한다는 말은 맞는 말이긴 하지만 군인의 정년 체계는 복잡하기 때문에 60세까지를 의미하는 것은 아니다.

그러나 계급정년에 의해 일찍 퇴직하더라도 연금 혜택이 주어지므로 그것을 잘 활용하면 자기가 하고 싶었던 일을 하며 편안한 노후를 보낼 수 있는 장점이 있다.

2장

직업군인의 종류와 준비방법

1
직업군인의 종류와 지원방법

이제 직업군인은 많은 사람에게 알려지면서 명실상부 최고의 직업으로 꼽히고, 과거와 다르게 부정적인 인식보다는 긍정적인 인식이 더 높아지고 있으며, 경쟁률도 점점 증가하고 있다.

우선 직업군인의 종류와 지원방법에 대해 알아보자. 대한민국의 직업군인은 크게 장교, 부사관, 준사관 3가지로 나누어 볼 수 있다.

▌부사관 지원방법

부사관은 하사→중사→상사→원사의 계급을 가진 육군·해군·공군의 군인을 말한다. 부사관은 통상 육군의 분·소대와 같은 규모의 집단을 지휘하고, 전투 기본교육·보급·정비·행정·부대관리 등의 기술과 숙련을 요하는 분야에서 전문가로서 임무를 수행한다. 부사관을 지원하는 방법은 지원자격에 따라 다양한 방법이 있다.

학군 부사관 후보생RNTC, Reserve Non-commissioned officer's Training Corps

전문대학 재학생 중 우수자를 선발, 2년간 군사교육을 실시하여 대학 전공학문은 물론 군사지식을 갖춘 문무를 겸비한 부사관을 양성하는 과정이며, 학군단 설치대학의 재학생만 지원이 가능하다.

민간부사관

민간인 신분으로 고등학교를 졸업하고, 만18세에서 27세 남·여 누구나 지원 가능하다. 선발시험은 1차필기평가, 2차체력평가·면접평가·신체검사·신원조사로 이루어지며, 합격 후 양성교육을 마친 후 하사로 임관이 가능하다.

현역부사관

현역에서 복무 중인 일병에서 병장 신분으로 고등학교를 졸업한 자라면 누구나 지원이 가능하며, 직무수행능력평가, 체력평가, 면접평가, 신체검사, 신원조사, 지휘추천으로 선발시험이 이루어진다. 합격 후 양성교육을 마친 후 하사로 임관할 수 있다.

임기제부사관

과거 전문하사로 불렸다. 현역 복무 간 숙련된 전투기술과 기술행정업무 능력을 하사 임관 후에도 동일한 특기와 직위에서 연속하여 능력을 발휘할 수 있는 모집과정이다. 현역부사관과 다른 점은 복무기간이 정해져 있다는 점이다. 현역부사관은 임관 후 4년이라는 의무복무기간이 주어지지만, 전문하사 같은 경우에는 최소 6개월~최대 48개월을 복무한다. 물론, 최대 48개월 복무 후 연장 복무 또는 장기복무도 가능하다.

군가산복무지원금 지급대상자

전문대학폴리텍대학 포함 및 대학 재학생이 지원할 수 있는 과정이다. 선발 시 2개 학기분의 등록금을 기준으로 육군에서 군가산복무지원금을 지급하며, 졸업 후에는 양성교육을 받고 하사로 임관해 5년간 복무한다.

임관 시 장기복무 부사관

양성교육임관교육을 수료한 인원에 한해 장기복무로 선발됨으로써 안정적인 미래를 보장받을 수 있는 부사관이다. 지원자격과 선발시험은 '민간부사관'과 동일하며, 드론, UAV, 사이버, 로켓정비, 정보통신, 전문의무, 항공정비 등 전문분야 관련 병과로 구성되어있다.

【부사관 계급장】

하사 중사 상사 원사

【부사관 지원방법】

구분	지원방법
학군 부사관 후보생(RNTC)	전문대학 재학생 중 우수자를 선발, 2년간 군사교육 실시
민간부사관	고등학교를 졸업하고, 선발시험 합격 후 양성교육 마치고 하사로 임관
현역부사관	현역 복무 중 지원 선발시험 합격 후 양성교육을 마치고 하사로 임관
임기제부사관	현역(병) 복무 간 동일한 병과 하사로 임관
군가산복무지원금 지급대상자	졸업 후 양성교육을 받고 하사로 임관 ※ 지원 대상자: 전문대학(폴리텍대학 포함) 및 대학 재학생
임관 시 장기복무 부사관	지원자격과 선발시험은 '민간부사관'과 동일 ※ 드론, UAV, 사이버, 전문의무, 항공정비 등 전문분야 관련 병과로 구성

▌장교 지원방법

군인의 신분으로 소위 이상의 계급을 장교라고 표현한다. 부대 지휘를 맡으며, 부대 지휘를 하지 않는 경우에는 고급 기술의무·법무·군종·조종 등을 통해 장교로서 임무를 수행한다. 즉, 군대를 통제하고 이끌어갈 주요·전문 인력이다. 누구나 군대를 통제할 수는 없기에 전문성을 지닌 장교는 국가에 있어 매우 중요한 인력이다. 이들은 민간인과 달리 항상 나라를 보호할 책임감과 군을 지휘할 전문성을 갖춰야 한다.

장교를 지원하는 방법은 고등학교를 졸업하고 지원하는 방법부터 대학교를 졸업하고 지원하는 방법, 현역으로 복무 간에 신분전환을 하는 방법 등 다양하다.

육군·해군·공군사관학교

정규 장교가 될 사람에게 필요한 교육을 하기 위하여 육군·해군·공군에 각각 사관학교가 있다. 사관학교는 뛰어난 학업성적과 일정 수준 이상의 체력을 지닌 자, 그리고 그 무엇보다 국가를 향한 충성심을 가진 우수한 국방 인재들이 입학한다. 또한, 해병대 장교는 해군사관학교 졸업 후 지원할 수 있다. 사관학교는 군인이라는 직업을 양성하는 곳이므로 졸업 후 임관하여 10년간의 의무복무를 한다.

육군3사관학교

육군사관학교와 더불어 육군 장교 양성 학교의 양대 산맥을 이룬다. 2년제 특수목적 국립대학교이며 신입이 아닌 편입학 개념으로 사관생도들을 선발하기 때문에 2년제 학사과정을 운영한다는 것이 특징이다. 즉, 입학하자마자 3학년이다. 지원자격으로 전문학사 또는 4년제 대학교의 2학년 수료 이상의 학력을 요구한다. 생도는 3학년과 4학년의 총 2년 과정을 마친 후 소위로 임관하며, 임관 후 6년간의 의무복무를 한다.

간호사관학교

간호사 양성을 목적으로 하므로 간호학과 단일 전공만 있다는 점이 여러 전공 과정이 개설되어 있는 다른 사관학교들과 다른 점이며, 간호사와 장교의 기본 자질을 동시에 갖추도록 교육한다. 교양과정 외 전공

과정은 간호학과의 전공과정 그대로이며 2학년 2학기 이후부터 기본간호 실습을 시작으로 하여 3~4학년 때는 군병원과 민간병원 등에서 본격적으로 임상실습을 하게 된다. 간호사를 양성하는 학교인 만큼 졸업 전 한국보건의료인국가시험원에서 시행하는 간호사 국가고시에 합격해야 한다. 간호사관학교도 3사관학교와 마찬가지로 소위로 임관 후 6년간의 의무복무를 한다.

학군사관ROTC, Reserve Officers' Training Corps

학군단이 설치된 4년제 대학에 재학 중인 학생들을 선발하여 군사교육을 실시하고 임관 종합평가제를 최종적으로 합격하게 되면 졸업과 동시에 장교로 임관시키는 제도다. 학군단이 설치된 4년제 대학의 2학년 또는 1학년 재학생을 지원 대상으로 하며, 선발 과정은 지원자를 대상으로 신체검사와 면접고사, 필기고사를 거친다. ROTC의 특징은 장교 임관 과정 중 유일하게 영외 생활을 한다. 사관학교는 4년 또는 2년간 영내생활을 하며 학사사관과 단기간부사관 역시 영내생활을 한다. 학기 중에는 일주일 당 7시간의 수업을 받는 군사학 과목만 더 이수하며 방학마다 4주씩 기초군사훈련을 받는다. 졸업 후 소위로 임관 후 2년 4개월간의 의무복무를 한다.

학사사관

4년제 대학 또는 동등한 학력을 소지하고 있는 자가 지원할 수 있으며, 필기평가, 체력인증평가, 면접평가, 신체검사, 신원조사를 통해 입대한다. 소위로 임관 후에는 3년간의 의무복무를 한다. 각 군별 육군은 KAOCS, 해군·해병대는 OCS, 공군은 OTS로 명칭만 다를 뿐 모두 학사사관으로 분류된다.

학사 예비장교후보생

정규 4년제 대학 1, 2, 3학년 재학생을 대상으로 학사사관 장교 후보생을 선발하여 졸업 후 임관을 보장하는 제도이다. 대학교 재학 중에는 ROTC와는 다르게 학업에만 전념할 수 있다. 졸업 후 학사장교와 동일한 기간의 훈련을 받고, 소위로 임관한 후 3년간의 의무복무를 한다.

군가산복무지원금 대상자

4년제 대학의 재학생으로서 지원하여 선발 전형에 합격하면 재학 중 군가산복무지원금을 지급받고, 일정 기간 군 복무를 하는 제도이다. 복무기간은 학군장교ROTC의 경우 '의무복무 2년 4개월'과 '군가산복무지원금 지급 기간 4년'을 합한 6년 4개월이 된다. 학자금대출로 많은 부담감과 신용점수가 떨어지는 청년이 증가하는 상황에서 이러한 제도는 직업군인을 꿈꾸고 있다면 도전해 볼 만한 제도라고 생각한다.

전문사관

전문적인 지식이나 기술을 가지고 임관하여 전투병과가 아닌 특수병과에서 복무하는 장교를 말한다. 전문사관은 간호, 재정, 교수, 박사, 군악, 군의, 군종, 법무, 변리, 수의, 의정, 전산, 통역 등의 특수병과에서 근무하며 임관 후 3년간의 의무복무를 한다.

간부사관

4년제 대학 2학년 이상 수료자 또는 전문학사 이상 학위 소지자 및 이와 동등한 학력이 있다고 인정되는 현역 부사관 또는 상병 이상의 병을 대상으로 선발하여 14주의 교육과정을 거친 후 소위로 임관하는 제도이며 임관 후 3년간의 의무복무를 한다.

예비역의 현역 재임용

요즘 지원율이 점점 높아지고 있는 제도 중 하나이다. 자신이 복무했던 병과로만 지원 가능하다는 단점이 있지만, 전역 당시 계급으로 임관하여 3년간의 의무복무를 통해 복무연장 또는 장기복무를 할 수 있는 제도이다. 취업이 점점 어려워지는 시점에서 다시 군으로 입대하는 예비역들은 지금도 꾸준히 증가하고 있다.

【장교 계급장】

위관급 장교

소령 중령 대령

영관급 장교

준장 소장 중장 대장

장성급 장교

【장교 지원방법 및 특징】

구분	지원방법 및 특징
육군·해군·공군 사관학교	정규 장교가 될 사람에게 필요한 교육을 하기 위하여 육군·해군·공군에 각각 사관학교가 있다. 졸업 후 임관하여 10년간의 의무복무를 한다.
육군3사관학교	2년제 특수목적 국립대학교이며 신입이 아닌 편입학 개념. 전문학사 또는 4년제 대학교의 2학년 수료 이상의 학력 요구. 임관 후 6년간의 의무복무를 한다.
간호사관학교	졸업 전 간호사 국가고시에 합격해야 한다. 3사관학교와 마찬가지로 소위로 임관 후 6년간 의무복무를 한다.
학군사관(ROTC)	학군단이 설치된 4년제 대학에 재학 중인 학생들을 선발하여 군사교육을 실시하고 최종적으로 합격하게 되면 졸업과 동시에 장교로 임관

학사사관	4년제 대학 또는 동등한 학력을 소지하고 있는 자가 지원. 필기평가, 체력인증평가, 면접평가, 신체검사, 신원조사를 통해 입대
학사 예비장교후보생	정규 4년제 대학 1, 2, 3학년 재학생을 대상으로 학사사관 장교후보생을 선발하여 졸업 후 임관을 보장하는 제도
군가산복무지원금 지급대상자	4년제 대학의 재학생으로서 지원하여 선발 전형에 합격하면 재학 중 군가산복무지원금을 지급받고 일정 기간 군 복무를 하는 제도
전문사관	전문적인 지식이나 기술을 가지고 임관하여 전투병과가 아닌 특수병과에서 복무하는 장교
간부사관	전문학사 이상 학위 소지자 및 이와 동등한 학력이 있다고 인정되는 현역 부사관 또는 상병 이상의 병을 대상으로 선발하여 14주의 교육과정을 거친 후 소위로 임관하는 제도
예비역의 현역 재임용	전역 시에 계급으로 임관하여 3년간의 의무복무를 통해 복무연장 또는 장기복무를 할 수 있는 제도

준사관 지원방법

준사관은 기본적으로 부사관으로 입대하여 상사 이상의 계급에서 진급시험을 실시해서 합격해야만 준위로 진급할 수 있다. 이외에 준사관후보생은 육군 기술행정 준사관이든 육·해군 항공 준사관, 통번역 준사관, 육군 특전준사관 등 준위가 되려는 후보생을 말한다. 준사관을 기행 위주로 뽑는 육군과 달리, 기술군 특성상 해·공군은 모든 부사관 특기에 준사관의 길을 열어 두고 있다.

계급상으로는 원사보다는 위 소위보다는 아래의 계급이다.

【준사관 계급장】

준위

이렇듯 직업군인의 종류는 3가지장교·부사관·준사관로 분류되지만 신분별 지원하는 방법은 다양하다. 고등학교 졸업과 동시에 직업군인의 꿈에 남들보다 빠르게 한 걸음 나아가는 방법, 국방의 의무를 시행하기 위해 입대해서 마음이 바뀌어 직업군인의 길을 선택하는 방법, 대학교에 입학하여 캠퍼스 생활을 즐기면서 ROTC나 RNTC로 장교와 부사관의 미래를 꿈꾸는 방법, 대학 졸업 후 학사사관으로 장교에 도전하는 방법 등, 직업군인의 길은 다양하게 열려있다.

2
준사관은 어떻게 준비할까?

직업군인을 지원하는 방법은 앞서 다뤘던 내용과 같이 다양한 방법이 있다. 하지만 우리에게 부사관이나 장교와 달리 익숙하지 않은 신분이 있는데, 바로 준사관이다. 준사관은 현역 복무 중 신분전환을 하거나, 예비역이 많이 지원하기 때문에 군대에 대한 기본적인 지식이 없는 일반인은 준사관 제도를 낯설게 생각할 수밖에 없고, 정보조차 구하기 힘들다.

준사관은 준위를 말한다. 계급상으로는 원사보다는 위 소위보다는 아래인 계급이며, 군에서 전문적인 업무를 담당하는 자를 말한다.

▌준위가 되는 방법

준위는 군대 내 기술직 공무원이며 7급 공무원의 대우를 받는다. 많은 경력과 기술을 필요로 하며 일반 보병부대에서는 탄약관이나 수송관 이외 기갑, 항공, 수송 부대처럼 다양한 장비를 취급하는 부대에서 근무를 한다. 일반적으로 기갑, 정보, 포병, 통신, 공병, 항공, 수송, 병기탄약, 정비 등의 병과에서 고유한 임무를 맡는데, 무기 수리나 폭발물 처리를 맡기도 하고, 항공기를 조정하기도 한다. 육군에서 준위가 되는 방법은 크게 세 가지다.

가장 일반적인 경우는 '기술행정준사관'으로 현역에서 원사 또는 상사계급으로 2년 이상 부사관 양성과정을 거쳐 준위로 임관하는 것이다. 두 번째는 회전익 항공기를 조종하는 항공작전사령부에서 근무하는 '항공준사관'은 민간에서도 뽑기도 하는데 이 경우 만 50세 이하, 고졸 이상의 미필자 중에서 선발한다. 현역에서 지원할 경우 고졸 이상 학력을 가지고 부사관으로 임용된 지 2년이 지난 시점부터 지원이 가능하다. 세 번째로 '통번역준사관' 제도가 있다. 민간인은 만 20세부터 35세까지 지원 가능하고 현역 부사관의 경우는 50세까지 가능하다. 또한 이 제도는, 민간인의 경우 미필자도 지원자격만 되면 군필 여부 상관없이 지원 가능하다. 통번역준사관은 특기에 따라 해군 및 공군으로도 갈 수도 있다.

해군에서 준위는 대부분 보좌관, 담당관이라고 불리며, 기관장, 작전관, 포술장 등 함정의 각 분대 지휘관 밑에서 각 직별장원사, 상사들을 통제하는 업무를 한다. 회전익 항공기를 조종하는 항공준사관은 육군과 동일하게 민간 및 현역자원에서 모두 선발하며 지원조건도 동일하다. 선발이 되면 비행교육을 마친 후 해군의 상륙기동헬기인 UH-1 및 UH-60 조종사로 복무하게 된다.

준사관 임관과정

준사관은 기술행정준사관, 통번역준사관, 항공운항준사관, 항공무기통제준사관, 항공요격통제준사관 등의 경로로 지원할 수 있다.

① 기술행정준사관준사관후보생

장교후보생과 부사관후보생 중 군경력이 짧은 이들이 있는 것과 달리 대부분이 군 경력자이다. 원사 또는 상사로 2년 이상 복무 중인 자만이 지원할 수 있기 때문이며, 해당 전공병과평가와 체력평가, 면접평가, 신체검사, 복무평가, 신원조사로 선발한다. 현역 신분이 지원하기 때문에 다른 장교후보생과 부사관후보생 양성교육보다 짧은 2주간의 양성교육 후 준위로 임관한다.

② 통역준사관

일반인이 지원할 수 있는 준사관 중 하나이며, 고졸 또는 이와 동등한 학력을 가진 자로서 서류전형공인어학성적포함과 통역 및 번역 능력을 평가하며, 체력평가, 면접평가, 신체검사, 신원조사를 통해 선발한다. 일반인이 지원하기 때문에 기술행정준사관과는 다르게 7주간의 양성교육 후 국방어학원에서 28주간의 교육을 받은 후 준위로 임관하게 된다.

③ 항공운항준사관

육군 및 해군·해병대에서 선발하는 과정이다. 육군은 공채와 경력직 모두를, 해군과 해병대는 경력직으로만 선발하며, 민간인을 선발하는 것은 육군만 있다. 현역과 민간 양쪽에서 다 선발하므로 현역은 부사관으로 2년 이상 복무한 자여야 하고, 민간인은 병역필이 아니어도 지원이 가능해졌다. 연령제한은 임관일 기준 만 50세 미만이어야 하며, 고졸 이상의 학력을 요구한다. 현역이 지원할 경우 선발 과정은 서류전형과 조정능력, 체력평가, 면접평가, 신체검사와 신원조사를 통해 양성교육 없이 준위로 임관하며, 일반 민간인이 지원할 경우에도 현역과 동일한 과정을 거친 뒤 선발하여 33주간의 양성교육 후 준위로 임관하게 된다.

④ 항공통제준사관

공군에만 존재하는 준사관후보생 제도로 주요 임무는 항공통제특기 가운데 항공무기통제사를 맡는다. 항공무기통제사는 아군 전투기에 적항공기 격추를 위한 최적의 위치정보를 제공하는 요격 관제 임무를 수행한다. 항공통제 분야의 장교 또는 부사관으로 3년 이상의 경력이 있어야 지원할 수 있으며, 항공무기통제 준사관 임용시험을 통과해야 임관할 수 있다. 장교는 임관일 이전에 전역 예정이거나 임관일 기준으로 전역이 2년 이내여야 하며, 부사관은 장기복무자 또는 임관일 기준으로 전역이 2년 이내여야 한다. 공통으로 임관일을 기준으로 나이는 만 32세 이하여야 한다. 1차 전형은 서류전형공인영어성적 포함 통과 후 신원조사를 거쳐 2차 전형에서는 임용고시자격시험, 한국사와 체력검정, 신체검사를 통해 최종 선발 되며, 3주간의 양성교육을 받은 후 준위로 임관하게 된다.

⑤ **항공요격통제준사관**

해군에만 존재하는 준사관후보생 제도로 주요 임무는 함대에서 해상작전을 통제하며, 전술항공의 협조, 조정, 평가, 처리하는 업무를 한다. 지원자격은 고등학교 졸업자 또는 이와 동등한 학력을 소지한 자이며, 연령은 임관일 기준 만20세~50세이다. 또한, 어학능력 점수가 New TEPS 327점 이상 또는 토익 755점, 토플 86점, TEPS 600점 이상 돼야 지원 가능하다. 해군항공요격통제 준사관 1차 전형은 필기평가와 실기평가로 진행되는데, 필기시험은 언어논리, 자료해석, 지각속도, 공간지각, 상황판단, 국사 직무검사이며, 실기시험은 영어 인터뷰로 회화능력을 측정하기 위해 진행된다. 2차 전형은 신체검사, 신원조사, 면접을 통해 최종선발 된다.

3
육군 장교는 어떻게 준비할까?

대한민국 육군은 지상작전을 주 임무로 하고 이를 위하여 편성되고 장비를 갖추며 필요한 교육·훈련을 한다. 육군 장교는 육군 소속의 장교를 의미하며, 전형절차를 통해 육군 장교에 최종 선발되면 장교가 되기 위한 훈련을 받은 후 육군 소위로 임관하게 된다. 임관 후에는 비무장지대 정찰, 수색정찰, 부대원에 대한 교육·훈련, 작전계획과 교리 연구, 재해 발생 시 민·관·군 통합 구난·구조 지원활동, 환경보호 및 대민 일손 지원 활동, 국제 분쟁지역의 평화유지 활동 등을 지휘한다.

육군 장교가 되려면 대학 과정에 준하는 교육을 이수하여야 한다. 가장 일반적인 방법은 육군사관학교를 입학하면 되는데, 이외에도 학군사관후보생ROTC 또는 학사사관후보생학사장교으로 선발되어 일정 기간의 교육·훈련 후 장교로 임관하는 방법과 육군3사관학교에 입학해서 전문교육을 이수한 후에 장교로 임관하는 방법이 있다. 또한, 자신의 경험과 전공을 살리면서 복무할 수 있는 간부사관, 전문사관 등 여러 경로를 통해 육군 장교로 군 복무를 할 수 있다.

▌육군 장교 임관과정

①육군사관학교

올바른 가치관과 도덕적 품성을 지니고 국가방위에 헌신할 수 있는 육군의 정예 장교 육성을 목적으로 설립된 학교이다. 입학 전형은 1차 시험 50점, 2차 시험 250점, 고등학교 내신 100점, 수능 600점 등 총점 1,000점 만점으로 선발한다. 2차 시험 과정은 체력 검정과50점 면접200점으로 진행되며, 고등학교 내신은 교과성적90점과 출결성적10점으로 구분된다.

1차 시험은 매년 7월에, 2차 시험은 8월과 9월 사이에 1박 2일간 치러지며, 최종 합격자는 수능 시험 이후 12월 중순에 발표된다. 전 과정에서 합격한 수험생은 일정 기한까지 입학서약서를 제출해야 한다. 합격자라 할지라도 기한 내 입학서약서를 제출하지 않는 경우 입학을 포기한 것으로 간주하여 합격이 취소되기 때문에 반드시 제출하도록 한다. 합격했으나 입학을 원하지 않는 합격자의 경우에도 동일 기한에 입학포기서를 제출해야 한다.

【육군사관학교 전형절차】

1차 평가	필기평가(50)	국어, 영어, 수학
2차 평가	서류평가(700)	교과성적(90), 출결성적(10), 수능(600)
	실기평가(50)	체력검정, 신체검사
	면접평가(200)	면접시험
총 점	1,000점	

육군사관학교의 교과 과정은 문과와 이과로 나누어진다.

핵심 과정, 기초학문 과정, 계열선택 과정, 전공 과정, 군사학과 체육 과정이 개설되어 있으며, 학과는 인문과학처에는 국어철학과·영어과·외국어학과, 사회과학처에는 정치사회학과·경제법학과·심리경영학과·군사사학과, 이학처에는 수학과·물리화학과·컴퓨터과학과, 공학처에는 기계시스템공학과·전자공학과·토목환경학과 등이 개설되어 있다. 이외에 체육학처가 있다.

육군사관학교 생도는 4학년까지 총 4년 과정을 마친 후 소위로 임관한 뒤 의무복무기간은 10년이다.

② 육군3사관학교

육군사관학교와 더불어 육군 장교를 배출하는 2대 교육기관이다.

생도 모집 시, 4년제 대학교의 2학년 수료 학점을 취득한 경우나 2년제 혹은 3년제 대학교의 졸업자 혹은 졸업예정자를 대상으로 한다. 즉, 편입학 개념으로 생도들을 선발하고 있다.

입학 자격은 대학 과정을 2년 이상 수료한 자에게 주어지며, 입학 후 2년간의 교육과정을 이수하면 4년제 학사 학위를 수여 받을 수 있다. 지원자들은 서류 전형으로 진행되는 1차 시험과 선발 고사인 2차 시험, 그리고 체력 검정과 인적성 검사 및 면접으로 진행되는 3차 시험 과정을 거친 후 최종 선발된다. 1차 서류 전형은 전적대학 성적과 수능 혹은 내신 성적으로 산정하며, 2차 선발 고사는 영어 시험과 간부 선발 도구 시험으로 구성된다. 3차 시험은 1박 2일간 교내에서 개인별로 진행된다.

【육군3사관학교 전형절차】

1차 평가	서류평가(100)	대학성적(40), 수능성적 또는 고교내신(60)
2차 평가	필기평가(200)	영어(100), 간부선발도구(100)
	체력검정(40)	1.5km 달리기, 팔굽혀펴기, 윗몸일으키기
	면접시험(60)	개인자질, 적성, 지원동기, 집단토의, 기본자세
	신체검사·인성검사	합·불
총점	400점	

개설된 전공 학과로는 국방경영학과, 경제학과, 국제관계학과, 행정학과, 지역연구학과, 외국지역연구학과, 상담심리학과, 군사사학과, 기계공학과, 전자공학과, 건설환경학과, 무기시스템학과, 정보공학과 등 13개 학과가 있으며, 이밖에 교과 과정 중에서 군사학 관련 과목을 필수적으

로 이수해야 한다.

육군3사관학교 생도는 3·4학년의 총 2년 과정을 마친 후 소위로 임관 한 뒤 의무복무기간은 6년이다.

③ 육군 학군사관후보생ROTC, Reserve Officers' Training Corps

초급장교의 양성을 통한 국방력 강화를 위해, 대학교 학생들을 대상으로 군사교육을 실시한 뒤 졸업 후 장교로 임관시키는 제도이다. 1960년대 학도군사훈련단으로 창설되었으며, 1972년 학생군사교육단으로 개칭하여 지금까지도 학군단이라 불리고 있다. 학군사관후보생이 되기 위해서는 4년제 대학 2학년 과정 이상을 수료한 뒤 정기지원할 수 있다. 단, 1학년 재학생으로 사전지원 시에는 2학년 진학과 졸업학점 취득이 가능하다고 대학에서 인정하면 지원할 수 있다. 필기고사·대학성적·수능 또는 내신으로 구성되는 1차 전형을 거쳐 2차 전형에서는 면접평가 및 체력평가, 신체검사를 시행한 뒤, 신원조사 후 최종 합격자를 선발한다.

【육군 학군사관후보생 전형절차】

구분	계	1차 평가			2차(최종) 평가			
		필기고사	대학성적	수능 또는 내신	면접평가	체력평가	신체검사	신원조사
정시	1,000	250	100	250	300	100	합·불	최종 심의 시 반영
사전	900	250	-	250	300	100	합·불	

최종 선발 후에는 교내에서 받는 기초 군사교육을 비롯하여 훈육, 기초 군사 훈련, 입영 훈련을 병행하게 된다. 학군사관후보생은 졸업 후 소위로 임관 한 뒤 의무복무기간은 2년 4개월이다.

④ 육군 학사사관후보생학사장교

학사 학위 이상을 소지한취득예정자 포함 자가 소정의 시험을 거쳐 군사교육을 받은 뒤 장교로 임관하는 장교양성 과정이다. 학사장교의 큰 특징은 지원자격에서 찾을 수 있다. 타 장교 양성과정은 고졸이나 대학 2년 이상 재학 등인 데 비해, 학사장교는 정규 4년제 대학 졸업 이상을 기본으로 요구하고 있다. 그래서 다양한 연령대와 학력을 소지한 우수한 자원들이 지원하고 있다. 학사장교의 지원연령은 임관일 기준 만 20~27세예비역은 복무기간에 따라 1~3세 지원연령 연장이다. 필기고사 1차 전형을 거쳐 2차 전형에는 체력인증평가체력인증센터, 면접평가, 신체검사, 신원조사를 시행한 뒤 최종합격하게 된다. 학사장교는 소위로 임관 한 뒤 의무복무기간이 3년이다.

⑤ 군가산복무지원금 대상자

대학재학 중 시험에 응시하여 합격하면 군가산복무지원금으로 대학교를 학업하고 학사학위를 취득한 후 학사사관 또는 학군사관의 의무복무기간에 4년을 가산하여 장교로서 복무하는 과정이다. 육군은 물론이고 해군과 해병대, 공군에서도 선발한다. 군가산복무지원금 지급대상자들은 학군사관후보생을 지원하거나, 대학재학 중 군사교육을 받지 않고 일반대학생들과 대학 생활을 하고 졸업 후 학사사관후보생으로 육군학생군사학교에서 약 16주간 위탁교육을 받은 뒤 소위계급의 장교로 임관하여 군 생활을 시작하게 된다. 모든 군가산복무지원금 지급대상자는 선발연도에 상관없이 학사사관 또는 학군사관 의무복무기간에 4년을 가산한다.

【육군 군가산복무지원금 대상자 복무기간】

구분	복무기간
학사사관	3년(학사사관 의무복무기간) + 4년(군가산복무지원금 지급대상자 의무복무기간) = 7년
학군사관	2년 4개월(학군사관 의무복무기간) + 4년(군가산복무지원금 지급대상자 의무복무기간) = 6년 4개월

⑥ 간부사관

4년제 대학 2학년 이상 수료자 또는 전문학사 이상 학위 소지자 및 이와 동등 이상의 학력이 있다고 인정되는 현역 부사관 및 병사상병 이상를 대상으로 선발하여 14주가입교 1주 제외의 교육과정을 거친 후 위관장교로 임관하는 제도이다.

[육군 간부사관 전형절차]

1차 평가	필기평가(100)	합·불(직무적성검사, 국사, 인성검사)
2차 평가	면접평가(50)	외적 자세, 품성평가, 내적 역량, AI면접·인성검사
	체력검정(20)	3km 달리기, 팔굽혀펴기, 윗몸일으키기
	직무역량(30)	지휘추천(10), 근무평가(20)
	신체검사	합·불
	신원조사	최종심의 시 반영
총 점	400점	

간부사관은 육군에만 존재하는 모집과정으로 보병·포병·기갑·공병·통신 병과에만 지원할 수 있다. 지휘추천과 근무평가가 전형절차에 포함되어 있으므로 소속부대에서의 자기관리는 필수이다.

의무복무기간은 임관 후 3년이며 병 출신들은 병 복무기간과 별도로 3년 복무한다. 간부사관의 가장 큰 특징은 장교 양성과정 중 유일하게 학사 학위 자격조건이 없는 과정이기 때문에 병사 또는 부사관으로 복무 중에 지원할 수 있다는 점이다.

⑦ 전문사관

전문적인 지식이나 기술을 가지고 임관하여 전투병과가 아닌 특수병과에서 복무하는 장교를 말한다. 전문사관의 종류는 다음과 같다.

【육군 전문사관의 종류】

구분	임무
간호사관	간호장교로서 군대 내부에서 간호사의 임무를 담당
재정사관	군대 내 회계, 경리를 담당하는 전문사관
교수사관	육군사관학교, 육군3사관학교, 국군간호사관학교 사관생도들을 강의하는 전문사관 (국어, 영어, 경제, 수학, 통계, 전자공학, 화학, 토목공학, 컴퓨터공학, 역사, 정치, 무기공학, 체육학 등)
박사사관	기계공학(제어), 전자공학(신호처리, 초고주파)를 담당하는 전문사관
군악사관	군악대의 지휘, 교육을 담당하는 전문사관 (음악대학 학사 이상)
군의사관	군의관으로 군대 내부에서 의사의 임무를 담당
군종사관	부대 내의 교회, 성당, 법당에서 목사, 신부, 스님으로 임관하여 종교활동을 지도하는 전문사관
법무사관	군대에서 법률을 집행하거나 군사 관련, 법률 관련 분야의 행정직을 담당하는 전문사관 (변호사 자격증 소지자)
변리사관	
수의사관	군수의관으로 군견, 군마 등을 치료하는 임무를 담당
의정사관	약사, 물리치료, 병원행정 등, 군의관과 간호장교 이외 분야를 담당하는 전문사관
전산사관	전산 관련 전문 분야를 담당하는 전문사관. 컴퓨터공학 등 (전산 분야의 학사 학위 이상)
통역사관	영어를 전문으로 주한미군의 장군 및 기타 영어의 통역을 담당하는 전문사관

전문사관의 원 연령은 임관일 기준 만 20~27세이며, 전공평가과정별 세부지원자격에 따름와 1차 서류전형을 거쳐 2차 전형으로 신체검사, 인성검

사, 면접평가, 신원조사를 시행한 뒤 최종합격하게 된다. 전문사관의 가장 큰 특징은 과정별 훈련기간이 다르며, 최종 임관 계급이 다르다는 점이다. 또한 전문적인 지식이나 기술을 가지고 임관하여 특수병과에서 복무하기 때문에 실무에서 자신의 능력을 향상할 수 있는 장점이 있다.

육군 장교가 되는 길은 다양하다. 대한민국 국군 중 가장 큰 비중을 차지하기 때문에 모집인원도 가장 많다. 여기서 주목해야 할 것이 있다. 육군사관학교, 육군3사관학교, 학군사관후보생, 학사사관후보생, 전문사관, 간부사관은 서류전형에서 대학 성적증명서 또는 고교생활기록부를 모두 제출한다는 점이다. 대학성적 또는 고교생활기록부는 지원자의 착실함과 성실함을 알 수 있는 가장 기본적인 자료다. 따라서 장교를 준비하는 사람이라면 착실함과 성실함은 기본이 되어야 한다.

4
해군 장교는 어떻게 준비할까?

대한민국 해군은 해상작전을 주 임무로 하는 조직으로, 상륙작전을 주 임무로 하는 해병대를 예하에 두고 있다. 해군 장교는 군함에 승함하여 연근해 초계활동, 부대원에 대한 교육·훈련, 해양통제, 해상교통로 보호, 군사력 투사, 국가 대외정책 지원 등 해상 관련 작전의 주된 임무를 수행한다. 해군사관학교, 사관후보생, 대학장학생, 법무장교, 예비장교후보생 등 다양한 경로를 통해 해군 장교로 군 복무를 할 수 있다.

▌해군 장교 임관과정

① 해군사관학교

사관생도들에게 해군 장교로서 직무수행에 필요한 기본지식을 습득시키고, 지도적 인격을 함양시키며, 강인한 정신력과 체력을 갖추도록 하는 것을 목적으로 설립된 학교이다.

3군육·해·공 사관학교 가운데 중 가장 오래된 1946년에 개교했다. 처음 해군병학교로 시작하여 1949년 해군사관학교로 개칭하여 지금까지도 해군사관학교라 불리고 있다.

해군사관학교의 입학 전형은 1차 시험 400점, 2차 시험 학생부 100점, 면접 400점, 체력검정 100점 등 총 1,000점으로 선발한다. 1차 시험은 국어독서, 문학, 영어영어Ⅰ, 영어Ⅱ, 수학수학Ⅰ, Ⅱ으로 출제되며, 수학 과목의 경우 인문계열은 확률과 통계, 미적분, 기하 중 1과목, 자연계열의 경우 미적분, 기하 중 1과목을 선택하여 응시하여야 한다. 1차 시험에 합격하더라도 기한 내 2차 시험 등록 및 서류 제출을 하지 않을 경우 포기한 것으로 간주하기 때문에 반드시 등록 및 서류를 제출하도록 한다.

【해군사관학교 전형절차】

1차 평가	필기평가(400)	국어, 영어, 수학
2차 시험 응시 전 AI면접 실시		
2차 평가	서류평가(100)	학생부
	실기평가(100)	체력검정, 신체검사
	면접평가(400)	국가관·역사관·안보관, 군 기본자세, 적응력, 인성·품성 등
총 점	1,000점	

해군사관학교의 군사학사 교과 과정은 이학사, 문학사, 공학사로 나누어진다.

교육내용은 학점교육과 소양교육군사학, 일반학, 교양일반, 체육교육군인정신, 정신전력, 리더십, 학년별 군사실습(상륙작전(1), 해양체육(2), 연안실습(3), 순항훈련(4)) 등이다.

해군사관학교는 5개의 학처로 구분되어 학과가 개설되어 있으며, 사회인문학처에는 인문학과·외국어학과·국제관계학과, 이학처에는 기초과학과·국방경영학과·해양학과·사이버과학과, 공학처에는 전자제어공학과·기계시스템공학과·조선공학과, 군사학처에는 군사전략학과·항해운용학과·작전학과, 문화체육처에는 문화체육과·해양체육과·무도과가 있다.

해군사관학교 생도는 4학년까지 총 4년 과정을 마친 후 소위로 임관한 뒤 의무복무기간은 10년이다.

② 사관후보생

해군 및 해병대의 장교로 임관하기 위하여 소정의 시험을 거쳐 해군사관학교와 해병대 교육훈련단에서 군사교육을 받은 뒤 장교로 임관하는 대한민국의 장교 양성 과정이다. 해군에서는 해군사관후보생 과정을 통해 학사장교로 임관하기 때문에, 학사장교나 사관후보생을 Officer Candidate School의 머리글자를 따서 OCS라고 부른다.

지원자는 4년제 대학 졸업자여야 하며, 대학교 재학 시 군가산복무지원금을 받은 군가산복무지원금 지급대상자들과 대학졸업 후 시험을 봐서 전형을 통과한 후 동일하게 교육, 훈련을 받고 임관을 한다.

사관후보생의 지원연령은 임관일 기준 만 20세~27세예비역은 복무기간에 따라 1~3세 지원연령 연장이다. 필기평가 1차와 합격자에 한해 AI 면접을 실시하고, 2차 평가에서 면접평가, 신체검사, 인성검사를 실시한다. 가장 큰 특징은 체력검정을 별도로 시행하지 않고, 지역별 국민체육진흥공단 국민체력100인증센터를 이용하여 체력검정 실시자에게 가산점을 부여한다. 체력 인증서는 지원서를 접수할 때 다른 지원접수 서류와 함께 해군본부로 제출하며 체력등급에 따라 가산점이 부여되어 평가된다. 또한, 공인영어성적토익, 토플, 텝스 · 공인한자능력평가자격증 · 제2외국어중국어, 일본어, 러시아어, 독일어, 프랑스어, 스페인어 능력평가 · 심리상담분야 자격증 · 행정/문서작성 자격증일반행정사, 행정관리사, 문서실무사 · 한국사 성적까지 가산점 점수에 모두 포함된다.

【해군 사관후보생 전형절차】

1차 평가	필기평가(250)	국사(40), 간부선발도구(210)
	가산점(50)	공인영어성적, 자격증, 제2외국어, 한국사, 체력가산점, 한국어능력분야 자격증 등
2차 시험 응시 전 AI면접 실시		
2차 평가	면접평가(200)	군 기본자세, 적응력, 국가관, 안보관, 역사관, 문제해결능력 등
	신체검사/인성검사	합·불
총점	500점	

해병대 사관후보생은 별도로 모집한다. 1차 시험 100점, 2차 시험 과정은 면접평가와 체력평가, 신체검사, 인성검사 등 총 200점 만점으로 선발한다.

【해병대 사관후보생 전형절차】

총점	1차 시험(필기평가)		2차 시험		
	간부선발도구	국사	면접평가	체력평가	신체·인성검사
200점	90점	10점	60점	40점	합·불

해군·해병대 사관후보생 최종 선발 뒤에는 양성과정을 마친 후 소위로 임관한 뒤 의무복무기간은 3년이다.

③ 해군 학군사관후보생

1959년 3월 11일 한국해양대학교에 해군 부산 군사교육단을 설치함으로써 3군 최초의 학군단이 출범하였다. 국가관이 투철하고 학업성적이 우수한 지원자를 학군단에 선발하여 2년의 군사교육을 이수하게 하고 졸업과 동시에 해군/해병대 소위로 임관하여 2년간 의무복무를 하는 제도이다. 삼면이 바다인 우리나라에서 무엇보다 중요한 전력인 해군 ROTC가 될 수 있는 학교는 한국해양대학교·부경대학교·목포해양대학교·제주대학교로 1학년4년제 학과 혹은 2학년5년제 학과 재학생이라면 지원할 수 있다. 한국해양대학교와 제주대학교는 해병대 ROTC도 설치되어 있다. 해군 ROTC는 3월 초에서 4월 말에, 해병대 ROTC은 3월 말에서 4월 말에 모집한다.

【해군 학군사관후보생 전형절차】

1차 평가	필기평가(30)	국사(3), 간부선발도구(27)
수능성적(40)		
2차 평가	면접평가(15)	군 기본자세, 적응력, 국가관, 안보관, 역사관, 문제해결능력 등
	체력검정(15)	
	신체검사/인성검사	합·불
총점	100점	

해병대 ROTC는 서류심사에서 자기소개서로 합·불이 결정되며, 1차, 2차 평가는 해군 ROTC와 동일하며, 학군단이 2곳에 불과하기 때문에 해병대에서는 육군 학군단에서 해병대로 전환하는 자원전국대 모집을 받기도 하며 조건으로 복무기간이 4개월 단축된다.

④ 해군 예비장교후보생

국내 4년제 대학교 1, 2, 3학년 재학 중에 해군 장교로 지원하여, 군 복무에 대한 부담 없이 학업에 열중하다가 졸업 후 장교OCS로 복무하는 제도로 복무기간은 사관후보생 복무기간 3년과 동일하며, 대학교 재학기간 중 별도의 훈련은 없으나, 연 1회 방학기간을 이용하여 소집교육해군소개, 함정견학 등을 실시한다. 지원연령은 임관일 기준 만 20세~27세예비역은 복무기간에 따라 1~3세 지원연령 연장이며, 국내 정규 4년제 대학교 1, 2, 3학년 재학생이 지원할 수 있다. 단, 육·해·공군의 군가산복무지원금 지급대상자나, 학군사관후보생에 선발된 자는 중복지원이 불가능하다.

학기 말 평균성적이 100분의 80점 미만 시에는 선발이 취소되기 때문에 학부 성적을 잘 유지해야 예비장교후보생에 지원할 수 있다.

⑤ 해군 가산복무지원금 지급대상자

필기고사, 고등학교생활기록부, 대학성적, 면접, 신체인성검사, 신원조사를 통해 최종선발 된다. 선발된 후에는 소집교육을 받는데, 최초교육은 합격발표 후 1개월 이내에 받고, 정기교육은 연 1회마다 실시하며 필요시에는 추가 실시한다.

【해군 가산복무지원금 지급대상자 전형절차】

구분	계	1차 평가			고등학교 생활기록부	대학 성적	면접	신체검사 인성검사 신원조사
		간부선발도구	국사	가산점				
1학년	500	210	40	50	50	-	150	합·불
2·3학년	500	210	40	50	-	50	150	

최종선발이 된 이후라도 퇴학 또는 제적, 매 학기 말 평균성적이 100분의 70점 미만이면 선발이 취소되므로 선발된 후에도 대학 생활에 성실하게 임해야 한다.

5
공군 장교는 어떻게 준비할까?

대한민국 공군은 항공작전을 주 임무로 하는 조직으로, 공군 장교는 4년제 대학 졸업 또는 동등학위 취득자로 공군사관학교에 입학하거나, 공군 학군단이 설치된 대학항공대, 한서대, 교통대 1~2학년 재학 시 학군사관후보생ROTC으로 지원할 수 있다. 또는 국내외 4년제 대학 졸업자로 학사사관후보생학사장교으로 선발되어 일정 기간의 교육·훈련 후 장교로 임관하는 방법이 있다.

그 외 공군 협약 지정대학 학과세종대·영남대·아주대에 입학하여 군가산복무지원 대상자가 되면 조종 장학생이나 정보통신 장학생으로 선발되어 졸업 후 교육을 거쳐 소위로 임관한다. 국내 4년제 주간대학 1~3학년 재학생 중 예비 장교후보생으로 선발되면 별도의 시험 없이 졸업과 동시에 임관하는 방법도 있다. 단, 연령은 임관일 기준 만 18세 이상 27세 이하 대한민국 국적 소지자여야 하고 예비역의 경우 복무기간에 따라 최대 3년까지 연장이 가능하다.

공군 장교 임관과정

①공군사관학교

대한민국 공군의 정예 장교 양성을 위해 '배우고 익혀서 몸과 마음을 조국과 하늘에 바친다'라는 교훈을 교육이념으로 설립된 학교이다. 1949년 항공사관학교로 개교하였으며, 1954년부터 4년제 교과 과정을 시행해왔다. 교육체계 개선 및 진단 과정을 통해 21세기 항공우주과학 시대에 생도들의 국제적인 안목 향상과 교육 환경의 질적 개선을 위해 힘쓰고 있다.

1차 평가와 2차 평가를 통해 공군사관학교 생도를 선발하는데, 1차 필기평가 합격자는 2차 시험 전까지 어학능력평가와 학생생활기록부 등 관련된 서류를 준비하여 제출해야 한다. 2차 시험 과정은 신체검사와 체력검정, 역사·안보관 논술 및 면접으로 최종선발 된다.

【공군사관학교 전형절차】

1차 평가	필기평가(400)	국어, 영어, 수학
	서류평가(120)	학교생활기록부/어학능력평가(100), 한국사능력검정시험(20)
2차 평가	체력평가(150)	
	면접평가(330)	
	신체검사	합·불
총점	1,000점	

공군사관학교의 교과 과정은 인문사회 계열과 이공학 계열로 나누어진다. 교양 과정·군사학 과정·실무 연구 과정·일반학 과정이 개설되어 있으며, 학과는 문과계열에는 국제관계학·국방경영학·지역연구학, 이과계열에는 전산정보과학, 공과계열에는 항공우주공학·기계공학·전자통신공학·시스템공학 등이 개설되어 있다.

공군사관학교 생도는 4학년까지 총 4년 과정을 마친 후 소위로 임관한 뒤 의무복무기간은 10년이다.

② 학군사관후보생

문무를 겸비한 우수 장교 양성을 위하여 대학 재학생 중에서 우수자를 선발하여 2년간의 군사훈련을 실시함으로써 대학의 전공학문 완성과 더불어 소정의 군사 지식과 실무능력을 갖춘 문무겸전의 우수한 장교를 대규모 양성하여 활용할 수 있는 효율성이 매우 높은 제도로 2학년 재학생을 대상으로 우수자를 선발하여 3, 4학년 동안 소정의 교내교육과 입영훈련을 거쳐, 졸업과 동시에 장교로 임관하는 제도이다.

공군 ROTC 선발 절차는 필기고사·대학성적·수능 또는 내신으로 구성되는 1차 전형을 거쳐 2차 전형에서는 면접평가 및 체력평가, 신체검사를 시행한 뒤, 신원조사 후 최종합격자를 선발한다.

1차 평가 필기고사는 KIDA 간부선발도구와 한국사로 평가되며, 2차 평가에서는 체력평가와 신체검사는 합격 또는 불합격으로 평가결과가 나오며, 면접은 합·불 판정 및 최종선발 시 점수가 반영된다.

【공군 학군사관후보생 선발절차】

구분	계	1차 평가			2차(최종) 평가			
		필기 고사	대학 성적	수능 또는 내신	면접 평가	체력 평가	신체 검사	신원 조사
1학년	125	60	-	40	25	합·불	합·불	최종심의 시 반영
2학년	125	50	40	10	25	합·불	합·불	

공군 학군단이 설치된 대학은 한국항공대, 한서대, 한국교통대, 서울과기대, 경상국립대, 숙명여대이다. 항공운항학과에서는 조정분야 장교를 선발하며, 남학생만 지원이 가능하며, 조종분야 장교는 사시 및 기준 이상의 사위, 야맹증, 안질환 이상자는 불합격한다. 이외에 항공운항학과를 제외한 전 학과에서는 일반분야 장교를 선발한다. 의무복무기간은 소위로 임관 후 조정 장교는 고정익 13년, 회전익은 10년이며, 일반특기 장교는 3년이다.

③ 공군 학사사관후보생

다양한 전공분야의 전문지식을 갖춘 장교 획득을 위하여 4년제 이상 대학 졸업 후 일정 기간의 군사교육을 이수한 후 장교로 임관하는 제도이다.

1차 필기평가 합격자는 인공지능AI 면접 후 신체검사와 면접 2차 평가 뒤 신원조사 후 최종선발 된다. 필기평가는 KIDA간부선발도구와 한국사를 평가하며, 간부선발도구 시험과목은 다음과 같다.

【KIDA 간부선발도구 시험과목 및 배점】

구분	KIDA 간부선발도구							
	언어 논리	자료 해석	공간 능력	지각 속도	소계	상황 판단	직무 성격	소계
문항 수(개)	25	20	18	30	93	15	180	195
배점(점)	30	30	10	10	80	20	면접 자료	20

2차 평가 면접은 국가관, 리더십, 품성, 표현력, 핵심가치 등을 평가하며, 신체검사는 공군 신체검사 규정에 따라 신체기준, 시력, 색각 등을 검사하고 합·불 처리된다. 3차전형최종선발위원회은 1, 2차 전형 결과를 종합하여 심의를 거쳐 최종선발 되며 정밀신체검사, 체력검정, 인성검사를 거친 뒤 최종합격 된다. 공군 학사장교는 군사교육을 마친 후 소위로 임관 한 뒤 의무복무기간은 3년이다.

④ 조종분야 가산복무지원금 지급대상자

우수 조종인력의 안정적 획득을 위하여 4년제 대학 재학생 중에서 조종사 양성을 목표로 우수자를 선발하여 장학금을 지급하고, 졸업 후 비행교육과정을 거쳐 조종자원으로 양성하는 제도이다.

지원자격은 국내 정규주간 대학 1~4학년 재학생으로 임관일 기준 만 20세~27세 남자이며, 필기고사 1차 평가와 신체검사, 체력검정, 면접, 조종적성검사를 통해 최종선발 된다. 조종분야 장교이기 때문에 2차 평가 중 조종적정검사컴퓨터기반검사, 모의비행평가를 통해 적합·부적합 판정을 한다.

조종분야 가산복무지원금 지급대상자는 학군사관후보생과 학사사관후보생으로 구분할 수 있다.

【조종분야 가산복무지원금 지급대상자 지원 구분】

구분	학군사관후보생 (1~2학년/2학년 2학기 제외)			학사사관후보생 (최종학기 제외)
	항공대	교통대	한서대	국내 4년제 대학교
지원 학과	항공운항학과		항공운항학과, 항공융합학부 (항공조종전공)	전 학과 지원 가능

조종분야 가산복무 대상 선발자는 소위로 임관 후 1년 6개월의 비행교육 수료하고 조종장교로 복무가 가능하다. 조종장교의 의무복무기간은 고정익 13년, 회전익 10년이다. 비행교육 재분류 시 일반장교로 복무하게 되며 의무복무 3년과 장학금 수혜기간에 해당하는 기간을 가산복무 해야 하고 기간 중 희망에 의한 전역은 불가하다.

⑤ 공군 예비장교후보생

병역환경 변화에 따라 우수한 초급장교의 안정적인 확보를 위해 국내 4년제 대학 1, 2, 3학년 재학생 중 우수자를 사전에 선발하여, 졸업 후 공군 장교로 임관하는 제도이다. 대학 졸업 시까지 학업에 집중할 수 있도록 대학 재학 중 별도의 군사훈련을 미실시하며, 졸업 후 학사사관후보생으로 입대한다. 필기시험 1차 평가를 시작으로 2차 평가 신체검사와 면접 3차 평가는 신원조사, 결격사유, 최종선발위원회를 거쳐 최종합격하게 된다.

【공군 예비장교후보생 전형절차】

1차 평가	필기평가(150)	간부선발도구(100), 한국사(50)
1차 합격자 전원 AI면접		
2차 평가	면접평가(25)	국가관, 리더십, 품성, 표현력, 핵심가치 등 평가
	신체검사	합·불
3차 평가	신원조사	적합·부적합
	결격사유	
	최종선발위원회	1·2차 전형 및 신원조사, 결격사유 결과 종합심사
총점	125점	

예비장교후보생 대학교 졸업 후 학사사관후보생으로 입대하기 때문에 교육을 받은 뒤 소위로 임관한 후 의무복무기간은 3년이다.

⑥ 공군 협약모집대학 군가산복무지원금 지급대상자

아주대학교, 세종대학교, 영남대학교에서 지원할 수 있다. 아주대학교 국방디지털융합과공군 ICT에 입학하면 자동으로 학사장교 후보생으로서 군가산복무지원금 지급대상자가 되며, 공군 지정모집대학 조종장학생은 세종대학교 항공시스템공학과와 영남대학교 항공운송학과가 있다. 입학과 동시에 군가산복무지원금 지급대상자로서 졸업 후 기초군사교육을 거쳐 공군 소위로 임관하며, 비행교육을 통과할 경우엔 공군 조종사로 복무한다.

6
부사관은 어떻게 준비할까?

부사관은 하사·중사·상사·원사의 계급을 가진 육군·해군·공군의 군인을 말한다.

부사관은 통상 분·소대와 같은 규모의 집단을 지휘하고, 전투 기본 교육·보급·정비·행정·부대관리 등의 기술과 숙련을 필요로 하는 분야에서 전문가로서 임무를 수행한다.

부사관을 지원하는 방법은 지원자격과 군별 특성에 따라 다양한 방법이 있다.

부사관 임관과정

육·해·공군의 부사관은 최일선 초급간부로서 장교의 명령을 받아 병사를 구체적으로 감독, 지시 및 통제하는 기능적 임무를 수행한다.

임관일 기준으로 만 18세 이상부터 만 27세 미만까지 지원 가능하며, 고등학교 이상의 학력을 소지해야 한다. 현역으로 복무 중 지원하는 경우에는 응시연령의 상한이 1~2세 연장되며, 신체조건은 159cm

이상에서 196cm 이하로 교정시력 양안 모두 0.6 이상이어야 하며 병과에 따라 차이가 있으나 최종 신체등급이 3급 이상이어야 한다. 부사관으로 임관하기 위해서는 필기시험과 인성검사 그리고 신체검사와 체력평가 및 면접 등의 과정을 거쳐야 한다.

▌부사관 임관 제도

① 부사관 학군후보생R.N.T.C

대학 졸업과 동시에 하사로 임관되는 제도이다.

전문대학교 재학생 중에서 우수자를 선발하여 3학기 동안 군사교육을 실시하고, 졸업과 동시에 부사관으로 임관하는 제도로 대학의 전공과목은 물론 군사지식을 갖춘 우수한 부사관 양성과정이다.

3년제 대학은 2학년 1학기부터, 4년제 대학은 3학년 1학기부터 3학기 간 군사교육을 실시한다.

학군후보생으로 선발된 후 교육과정 중에는 군인복무규율, 정신교육, 체력단련 등의 기초 군사지식이 주를 이루고 리더십과 관리능력을 배양하고 초급간부로서 자질을 향상하는 데 중점을 두고 있다.

입영훈련은 하계 및 동계 방학을 이용하여 육군부사관학교에 입영하여 2주 또는 4주간 병영교육을 이수한다. RNTC 선발은 필기평가→신체검사→면접평가→체력평가→신원조회 순으로 진행된다.

구분	RNTC 필기평가						
	1교시(85분)				2교시(90분)		
	공간지각	지각속도	언어논리	자료해석	국사	직무성격	상황판단
배점(점)	216점				84점		

최종합격 후 3학기의 입영훈련을 마치면 하사로 임관 뒤 의무복무기간은 4년이다.

각 군의 부사관학군단 설치 대학은 다음과 같다.

¤ 각 군별 부사관학군단 설치 대학

육군 RNTC: 경북전문대, 전남과학기술대, 대전과학기술대
해군/해병대 RNTC: 경기과학기술대학교, 여주대학교
공군 RNTC: 영진전문대학교

② 민간부사관

병역의무를 마치지 않은 만 18세 이상 27세 이하의 고등학교 졸업 이상의 학력을 갖춘 자가 부사관에 지원하여 하사로 임관되는 제도이다. 이때 지원가능 연령은 군 복무기간을 합산하여 1년 이상 3년 이하까지 지원연령이 연장 적용되며, 혐오감 및 위화감을 조성하는 내용과 얼굴, 목 등 군 간부 품위를 손상하는 신체 부위의 문신은 감점 요소로 적용된다.

모집선발 과정은 필기평가→신체검사→면접평가→체력평가→신원조

회 순으로 진행된다.

민간부사관 필기평가는 총 3교시로 실시 된다. 1교시는 지적능력평가공간능력·지각속도·언어논리· 자료해석, 2교시는 상황판단, 국사, 직무성격 검사와 3교시는 인성검사로 총 210분 동안 평가된다.

필기평가의 과목별 문항 수는 다음과 같다.

구분	계	지적능력				상황판단/국사/직무성격			인성검사
		공간능력	지각속도	언어논리	자료해석	상황판단검사	국사	직무성격검사	
문항	646	18	30	25	20	15	20	180	338

필기평가는 주어진 시간에 비해 문항이 많다는 특징이 있다. 시험 시간에 감독관의 안내에 따르지 않고 다음 시험지를 넘겨보다가 부정행위로 간주 되어 퇴실 조치 될 수도 있으므로 감독관의 안내를 잘 따라야 한다.

입대 후 총 18주의 양성교육 과정을 받은 후 하사로 임관 한 뒤 의무복무기간은 4년이다.

③ 현역부사관

군에서 복무하고 있는 병을 대상으로 부사관 후보생을 선발하는 제도이다.

지원자격은 현역병상근예비역 포함 일병 이상이 지원 가능하며, 임무 수행능력과 품성, 품행, 사생활 등을 평가하는 관찰평가와 직무수행능력평가→신체검사→면접평가→체력평가를 통해 최종합격 후 입교하게 된다. 13주간의 양성교육을 거친 후 하사로 임관한 뒤 의무복무기간은 4년이다.

④ **임기제부사관**전문하사

현역병 복무 간 숙련된 기술과 행정업무 능력을 군 간부하사로 임관하여 동일한 특기와 직위에서 능력을 발휘할 수 있는 모집과정이다. 복무기간은 6개월에서 최대 48개월까지 선택할 수 있으며, 복무기간 만료 후 추가 연장 복무가 가능하다. 지원자격은 현역병 중 전역이 1~6개월 전인 희망자를 대상으로 선발하며, 선발평가는 병으로 복무기간 동안 교육훈련 성적을 포함한 직무수행능력평가→체력평가→면접평가인성검사→신체검사→신원조사를 통해 선발한다. 선발된 후에는 일반 하사와 동일한 급여와 복지혜택이 제공된다.

⑤ **군가산복무지원금 대상자**

전문대학 및 대학 재학생이 지원할 수 있는 과정으로 선발 시 2학기분의 등록금을 전액 지급 받는다. 또한 졸업 후에는 양성교육을 받고 하사로 임관하게 된다. 선발시험은 필기평가→직무수행능력평가→체력평가→면접평가→신체검사를 통해 이루어지며, 대학성적과 신원조사를 통해 최종합격하게 된다. 복무기간은 부사관 의무복무기간인 4년과 군가산복무지원금 수혜 기간을 가산 복무하게 된다.

3장

대한민국 육군
(Republic of Korea Army)

1
대한민국 육군의 목표와 교육훈련

육군은 1946년 1월 15일 창설되었고, 현재 대한민국 3군 중 가장 큰 비중을 차지하고 있다. 육군은 지상 작전의 주 임무를 수행하기 위하여 편성되고 장비를 갖추며 필요한 교육·훈련을 한다. 또한, 지상 전투를 수행할 수 있도록 편성되어 있고, 지역을 탈취 또는 확보함으로써 최후의 승리를 획득하여 지키는 데 그 목표를 두고 있다. 한편 항공기의 지원을 받아 공수부대작전 또는 공중기동작전을 수행한다. 육군의 작전은 크게 세 가지 형태로 나눌 수 있다.

공격작전은 적을 격멸할 목적으로 적의 방향으로 진격하는 적극적인 작전 형태로서 전투 목적을 달성할 수 있는 최선의 방법이다. 둘째, 방어작전은 적의 공격을 저지, 격퇴하고 우군友軍의 부대시설과 활동을 방호하며 공세 이전을 위한 여건을 조성하기 위하여 실시하며, 전투를 회피하고 차후 작전에 대처하기 위하여 후방으로 이동하거나 적으로부터 이탈하는 작전으로 철수·철퇴·지연전으로 구분된다. 세 가지 작전형태에 기초를 두고 공지작전·전자전·전술핵작전·화학전 등을 융통성 있게 수행하는 군을 우리는 육군이라고 한다.

육군목표

대한민국 육군은 국가방위의 중심군으로서

01 전쟁억제에 기여한다.

02 지상전에서 승리한다.

03 국민편익을 지원한다.

04 정예강군을 육성한다.

▌대한민국 육군의 교육훈련

육군의 기본목표는 전쟁억제에 기여하고, 지상전에 승리하며, 국민편익을 지원하며, 정예 강군을 육성하는 데 있다. 육군은 필승의 정예부대를 육성하여 유사시 전투 임무에 적응할 수 있는 태세를 유지하기 위하여 교육훈련의 기본목표를 세웠다.

첫째 투철한 군인정신과 강인한 체력의 전투원 육성, 둘째 현대전의 과학화에 부응할 수 있는 전문기능인 육성, 셋째 적보다 절대우위의 전투력을 갖춘 부대육성 등이다. 이러한 기본목표를 달성하기 위하여 설정된 교육훈련 방향은 다음과 같다.

① 정신교육

정신교육은 국토방위의 사명을 지닌 개인 및 부대가 견지하여야 할 가치관의 확립을 목표로 하고 있다. 이에 따라 확고한 국가관에 입각한

애국애족의 충성심과 승공 사상을 바탕으로 군인정신을 함양하여 군인으로서 갖추어야 할 정신적 자질을 배양하는 한편, 엄정한 군기, 왕성한 사기, 굳건한 단결심을 드높여 필승의 신념을 길러낼 수 있도록 교육하고 있다.

② 기능교육

기능교육은 각개 전투원으로 사격술·총검술·각개 전투 등과 같이 전투기술과 무기 및 장비의 조작·정비, 그리고 그 기술적·전술적 운용요령 등에 관한 재능을 기르게 하여 이를 습관화시키는 교육이다. 기능교육을 위한 습관의 형성은 관습을 올바르게 기르기 위한 정확성, 고벽을 예방하기 위한 적시適時 교정, 훈련의 단계와 시간을 배분하기 위한 합리성, 용의주도한 훈련을 지속해서 실시하기 위한 반복성 등의 원칙을 철저히 적용하고 있다. 또한, 고도의 기술 수준을 지속해서 유지하기 위하여는 끊임없이 기능을 연마할 기회를 부여하고, 목적의식이 뚜렷한 구체적인 훈련을 하며, 일정한 수준으로 심화할 때까지 중단없이 실시할 수 있도록 교육하고 있다.

③ 학술교육

학술교육은 장병의 지능을 개발하기 위한 강의 위주의 이론교육으로서, 그 목적은 직무수행에 필요한 일반 및 군사지식을 부여하고 아울러 전기·전술과 내무교육을 위한 기초를 제공하는 데 있다. 사병에 대한 학술교육은 기본적인 과목으로 제한하고, 실기의 숙달이 요구되는 과목은 실기훈련 위주로 하며, 간부에 대한 학술교육은 직업군인으로서의 전문화 교육의 일환으로 계급과 직책에 상응하는 광범위한 일반지식 및 군사지식을 점진적으로 심화시킬 수 있도록 체계적으로 강도 높게 하고 있다. 특히, 학술교육에서 습득한 지식은 실전훈련에서 체험하도록 하거나 일상생활을 통해 이를 실행하도록 교육하고 있다.

④ **전술교육**

전술교육은 실전에서 요구되는 전술적 행동을 완성하는 데 목표를 두고 있다. 이에 따라 각급 지휘관에게는 실습 위주의 훈련 지휘능력을 배양하는 데 주안을 두고 실시하며, 각개 전투원에게는 정신력과 체력을 단련하고 개인 전투 기량을 완성하여 전투력을 유기적으로 조직화할 수 있도록 실시하고 있다. 또한, 현대전은 집단적인 안전보장개념에 입각한 국가 간의 협정에 따라 연합작전을 수행하여야 할 상황이 많으므로, 모든 부대는 연합작전훈련 때 상 협조체제, 각종 지원요소의 이용절차 및 운용요령, 전력요소의 적시 적절한 통합운용능력을 배양하는 교육을 하고 있다. 그리고 21세기 과학화 교육훈련의 목표는 정보화, 과학화 시대에 부응하고, 미래 지상 전투에서 승리를 보장할 수 있는 개인 및 부대를 육성하는 데 있다.

⑤ **체력단련**

체력단련은 육체적 단련을 통하여 운동기능 향상과 강인한 정신력을 길러 전장에서 당면하게 될 어떠한 위험과 곤란도 능히 극복할 수 있는 전투 체력을 육성하는 데 목표를 두고 있다. 전투 체력의 단련은 주로 근력·순발력·지구력·기민성 등의 운동요인 단련에 중점을 두고 있으며, 체력의 단련은 계획적이고도 합리적인 체육교육을 비롯하여 모든 교육훈련과 병영생활 전체를 통하여 상호 관련하에 지속해서 실시 될 수 있도록 지도하고 있다.

육군 복무신조(우리의 결의)

우리는 국가와 국민에 충성을 다하는 대한민국 육군이다.

하나, 우리는 자유민주주의를 수호하며 조국통일의 역군이 된다.

둘, 우리는 실전과 같은 훈련으로 지상전의 승리자가 된다.

셋, 우리는 법규를 준수하고 상관의 명령에 복종한다.

넷, 우리는 명예와 신의를 지키며 전우애로 굳게 단결한다.

2
대한민국 육군의 병과

대한민국 육군은 다양한 병과와 병과 특성에 따른 무기체계로 구성되어있다. 병과란 군대에서 각 군인이 수행하는 주요 임무를 분류한 것으로 '군사특기'라고도 하는데 쉽게 말해서 군인으로서의 전공이라고 생각하면 된다. 병과는 크게 기본병과와 특수병과로 구분된다.

기본병과	전투병과	보병, 기갑, 포병, 방공, 정보, 공병, 정보통신, 항공
	기술병과	화생방, 병기, 병참, 수송
	행정병과	인사, 군사경찰, 재정, 공보정훈
특수병과	특수병과	의무, 법무, 군종

1. 전투병과

① **보병**步兵, Infantry

육군의 여러 병과 중 전투를 수행하는 육군에서 가장 많은 인원이 근무하는 핵심 병과이며 지상전투시 적 공격 및 방어는 물

론 분쟁지역을 점령하여 작전을 종결한다. 현대화된 보병으로서 주로 해·공군 및 기갑, 포병, 항공 등 전투병과, 전투근무지원병과 등과 긴밀한 협동과 지원하에 전투의 승패를 결정하는 지상전투의 핵심 병과이다.

② **기갑**機甲, Armored

각종 기갑차량을 이용해 전투를 벌이는 병과다. 기갑차량에는 전차, 장갑차, 자주포를 비롯해 다양한 각종 지원 수단이 포함되는데, 그 시작과 중심은 전차라고 할 수 있다. 새로운 작전, 전술, 전략이 등장하면서 장갑차, 자주포처럼 전차와 보조를 맞춰서 함께 작전을 펼칠 수 있는 다양한 지원 수단도 자연스럽게 등장했다.

③ **포병**砲兵, Artillery

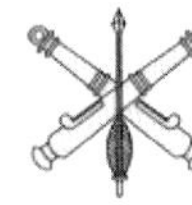

직접 전투를 벌이기도 하고 방공防空처럼 특정 목표를 타격하는 임무도 수행하지만 기본적으로 화력을 지원하는 병과다. 포만 사용하던 예전과 달리 현대의 포병은 유도탄처럼 다양한 수단을 운용하고, 반드시 별개의 이동 수단을 사용하며 부대 단위로 운용한다. 그만큼 포병의 무기는 무겁고 크기 때문에 위력도 강한 무기를 다룬다.

④ **방공**防空, Air defence

비행기, 미사일을 비롯한 각종 비행체에서의 공격으로부터 인명과 시설을 지키는 병과다. 상대를 능동적으로 요

격하고 격퇴하는 적극적 방공과 상대가 노리는 목표를 분산, 은폐 혹은 긴급 복구를 해서 피해를 최소화하는 소극적 방공으로 크게 구분된다. 통상적으로 병과로서의 방공이라면 적극적 방공을 의미하며, 소극적 방공은 대피와 복구에 중점을 둔 민방위 영역으로 보는 것이 일반적이다.

⑤ **정보**情報, Intelligence

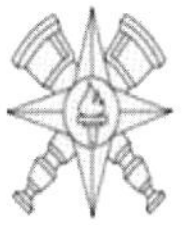

적 도발의 징후를 조기 탐지, 경보warning, 警報 전파하고, 적에 대한 첩보 수집 및 분석을 통한 정보생산을 한다. 해외 파견되어 국력 홍보, 우방국과 군사교류를 강화하고, 아군의 정보를 보호하는 대정보 및 보안업무 수행·상대의 심리적 마비를 유발하기 위한 심리전 활동을 한다.

⑥ **공병**工兵, Military Engineers

공병은 폭파, 가교, 건설, 측량 등을 담당하는 병과다. 그런데 건설, 토목 등의 임무 때문에 지원 병과로 아는 이들이 많지만 적을 공격할 때에는 본진보다 먼저 전선에 투입되어 통로를 개척하고 반대로 후퇴 시에는 적의 공격로를 파괴하고 가장 나중에 퇴각하기에 보병, 포병, 기갑 못지않게 상당히 중요한 전투병과다.

⑦ **정보통신**情報通信, Information and Communications/Signal

떨어진 상대방과의 연락을 담당하는 병과다. 군의 운

용, 특히 실전 상황에서 각종 정보를 필요한 곳에 적시에 전달하려면 정보통신병과가 통신망을 미리 구축하고 원활히 운용해야 한다. 정보통신병과는 승패를 가르는 중요한 요소로서 그 역할이 막중하다. 보고와 지시의 통로 역할만 담당하던 과거와 달리 현대는 치밀하게 연결된 다중의 네트워크를 통해 실시간으로 각종 정보를 취합하고 가공해 필요한 곳에 제공하는 임무를 수행한다. 한마디로 현대는 C4I Command, Control, Communication, Computer and Intelligence 체계를 기반으로 하는 네트워크 중심전으로 전쟁을 치르는 시대가 되었기 때문에 정보통신의 중요성은 점점 높아지고 있다.

⑧ **항공**航空, aviation

지상전의 승리를 보장하는 핵심전력으로 막강한 기동력과 화력을 갖춘 병과이다. 공세적 항공작전 수행과 인원, 물자, 장비, 항공수송, 항공관제와 정비 등의 임무를 수행한다. 항공병과는 항공운항헬기조종사, 항공정비헬기정비사, 항공관제항공관제사 특기로 구분된다.

2. 기술병과

⑨ **화생방**化生放, CBRN-Chemical, Biological, Radiological and Nuclear defense

화학, 생물, 핵무기의 공격으로부터 아군을 보호하고 피해 확산을 막는 병과다. 처음에는 화학전 임무만 담당했

지만 이후 새롭게 위험이 부각되고 전문적인 대처가 필요한 생물학전, 방사능전까지 대비하고 있다. 한마디로 대량살상무기WMD에 대처하는 병과라 할 수 있다.

⑩ **병기**兵器, weapon

지상작전이 주 임무인 육군의 원활한 작전을 위해 모든 종류의 전투용 화기와 사용을 위한 탄약, 장비, 수리부속 및 공구에 대해 보급하고 정비, 폐기까지 전 과정을 관리하는 병과이다. 주로, 화력장비, 기동장비, 통신장비, 일반 장비를 정비하고, 탄약관리, 장비 수리부속 공급 등을 주특기로 하는 병과라 할 수 있다.

⑪ **병참**兵站, military logistics

부대의 전투력을 유지 및 증대시키기 위하여 작전을 지원하는 병과이다. 임무수행을 위해 필요로 하는 물자식량, 연료, 탄약, 출성자재 등를 지원하여 전투력 발휘 및 작전지속능력을 보장하게 하며, 활용가치가 없는 각종 물자 및 장비의 회수, 육로·철도를 활용한 인원·물자의 수송, 목욕·세탁 지원 등 광범위한 업무를 수행하는 병과이다.

⑫ **수송**輸送, Transport

차량, 선박, 철도, 항공기 등을 총괄하고 있으며, 신속한 물자보급, 병력 및 부대의 이동을 지원하는 것이 주 임

무이다. 전시상황에서 주 보급로가 파괴돼 신속한 복구가 어렵다고 판단될 경우 열차–차량, 차량–항공기 등과 같이 대체수단을 통한 전환 수송근무를 지원하기도 한다.

3. 행정병과

⑬ 인사人事, staffling

전 신분에 대해 입대로부터 전역까지 인사관리 및 처리를 담당하며, 기타 인사근무, 기록물 관리, 부대 행사, 도서관 및 역사관 운영, 국가기술자격 검정 등 전반적인 행정업무를 수행한다.

⑭ 군사경찰軍事警察, Military Police

일반적으로 질서유지와 군기의 확립, 법률이나 명령 및 제규정의 시행, 범죄의 예방과 수사활동, 군 사법관할 지역 내에 있는 범인의 체포, 영창·교도소의 운영과 죄수의 교도, 도로 표지와 교통통제, 포로의 수집·후송·처리·억류·관리, 군사시설과 정부 재산의 보호 등의 군행정경찰업무 및 군사법경찰 업무를 수행한다.

⑮ 재정財政, public finance

부대에서 사용할 예산 편성, 편성된 예산에 따라 자금 지출 및 지급, 결산 등 부대 재정을 관리하는 임

무를 한다. 재정병과에서는 예산, 계약, 출납, 지출, 급여 업무 등을 주로 수행한다.

⑯ **공보정훈**公報精訓

장병 정신교육을 통해 올바른 군인정신, 국가관, 안보관을 함양시켜 적과 싸워 이길 수 있는 정신적 대비태세를 확립하고, 홍보 및 공보활동 등의 임무를 한다.

4. 특수병과

⑰ **의무**

전시 또는 평시 발생된 전상자의 생명구호와 전투력 보존을 위해 군 의무시설의 운영에 필요한 군의, 치의, 수의, 간호, 의무행정의 고유 기능 임무를 수행한다. 의무 특기는 병원 및 기타 부대 의무시설에서 전상 및 질병환자의 응급처치, 후송, 진료 및 예방의무 활동업무를 수행하며, 수의 특기는 식품·수질검사, 군견 등 동물진료, 위생점검, 방역 임무를 수행한다.

⑱ **법무**法舞

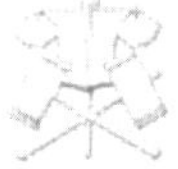

군내 법치주의 확립 및 장병들의 기본권을 보장해주고, 법령의 제정, 개정 및 법령의 해석과 자문을 지휘관 및 참모장교에게 해주기도 한다. 또한 법률지원, 법률상담과 군법교육 등 범죄예

방활동을 담당하고 군사법원 및 군검찰을 운용하는 임무를 수행한다.

⑲ **군종**軍種

장병들의 신앙생활을 돕고, 군의 정신전력을 강화하기 위하여 설치된 병과이다. 군종병과를 주도적으로 이끌어가는 군종 장교들은 성직자로서 각 종교를 대표하며, 군내의 종교적 지도자의 임무를 담당한다. 지휘계통이 분명하고 획일적인 업무를 행하는 다른 병과와는 달리, 각 종교의 독특한 관례에 따라 업무를 집행하는 것이 특징이다.

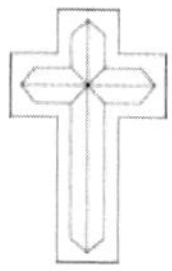
개신교의
군종 목사

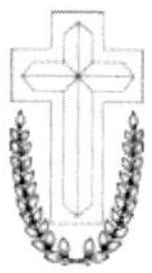
가톨릭의
군종 신부

불교의 군종 승려
또는 군 법사

3
대한민국 육군의 특수부대

'전쟁에서 승리를 원하면 특수부대를 준비하라'라는 말이 있다. 국가 간 전면전 가능성이 점차 감소하면서 적敵의 핵심시설 타격과 암살·구출·폭격유도 등 '비정규작전' 중요성이 점차 커지고 있기 때문이다. 군사 강국들이 다양한 특수부대를 양성하는 이유도 여기에 있다. 한국군 특수부대는 부사관·장교로 편성된 육군 특수전사령부특전사와 해군 특수전전단UDT/SEAL이 있다.

육군 특전사는 특수부대의 대표이다. 모든 육군 장병이 베레모를 착용하는 것이 요즘 모습이지만 베레모의 원조는 특전사다. 과거 '국군의 날' 행사에 빠지지 않았던 고공낙하, 특공무술 시범을 보이던 검은베레 전사들이 바로 그들이다.

1950년 한국전쟁 당시 국제연합 유격군의 일원인 제8240 첩보부대로 참전하면서 특전사의 역사가 시작되었다. 1951년 2월 미8군 소속으로 제1공수 유격연대가 창설되었고, 1953년 국방부로 통합되었다가 1954년 육군본부로 예속되었다. 1958년 제1전투단부대가 창설되면서 일본 오키나와의 미국 육군특전부대에서 최초로 특수전교육과 공수교육을 실시했다. 1959년에는 1공수특전단으로 부대명이 교체되었다.

1공수특전단은 한국 국군 사상 특수전 분야를 전담한 최초의 부대로 타군에서 창설된 특수전부대를 양성하는 데에도 큰 역할을 했다. 1968년 울진삼척지구 대간첩작전에 참여 21명을 사살하는 공을 세웠고, 1969년에는 특수전사령부가 창설되었다.

대한민국 육군 소속의 특수작전부대. 명칭은 특전사로 더 많이 불린다. 특수전사령부를 줄인 말이다. 6·25 전쟁 당시에 대활약하였던 북파공작 부대인 켈로부대를 모체로 하여 세워진 부대이며, 유사시 육·해·공의 다양한 루트로 적진에 깊숙이 침투하여 게릴라전, 수색·정찰, 요인암살 및 납치, 인질구출, 주요시설 폭파, 사보타주, 항폭유도, 병참선 교란, 민사심리전, 현지징발 등 각종 비정규전을 수행한다. 그리고 전시가 아닌 평시엔 대한민국 내부로 무장공비들이 침투했을 때 벌어지는 대간첩작전에서 주도적으로 적을 잡거나 소탕하는 임무도 수행한다.

특전부대 신조

안되면 되게 하라!

사나이 태어나서 한 번 죽지 두 번 죽나!

하나, 나는 충성의 검은베레, 국민과 국가에 헌신한다!

하나, 나는 최강의 검은베레, 임무는 반드시 완수한다!

하나, 나는 불굴의 검은베레, 어떠한 역경도 극복한다!

하나, 나는 의리의 검은베레, 전우와 생사를 함께한다!

특전사 지원방법

특전병은 자원과 육군 훈련소 등 신병교육대에서의 차출, 이 두 가지 방식을 병행하여 선발된다. 특전부사관은 모병에 의해 선발하며, 민간에서 자원한 인원들 중 자격에 적합한 인원을 중심으로 선발되어 특전부사관 과정을 밟는다. 이 과정에서 부상으로 훈련을 받을 수 없거나 심의에서 자격이 미달할 경우, 특전교육단에서 퇴교되거나 육군 일반부사관으로 신분이 변경된다.

훈련과정은 총 17주 동안 군사기본, 공수기본, 신분화 과정을 받아야 임관을 할 수 있다.

특전장교는 각종 장교 양성 기관을 통해 임관한 육군 장교들이 자원 혹은 체력 우수자 등의 차출을 통해 특전사에서 근무하며, 일부는 복무 중에 특전부사관 중에서 장교로 지원하는 사례도 있다.

▌특전부사관 지원방법

특전사에 소속되는 부대원은 자원과 차출의 방식으로 선발한다. 특전사의 핵심 인력인 특수전부사관은 모병에 의해 자원한 인력 가운데 특전사의 임무에 적합한 체력검사 등에 합격한 인원으로 충원된다. 특수전 장교는 본인의 자원 및 차출을 통해 임관된다.

특전부사관은 임관일 기준 고졸 이상 학력 소지자 또는 이와 동등 이상의 학력을 가진 자로서 고등학교 졸업은 교육부 장관이 인정하는 자 또는 검정고시 합격자 포함되며, 중학교 졸업자는 국가 기술 자격증 취득자에 한하여 지원이 가능하다. 육군 일반부사관에서 특전부사관 지원자 남군만 해당는 하사로서 군 복무 4년 미만자로 전 병과 지원이 가능하고 특전부사관 입관일 기준 현역인 자에 한해서 지원이 가능하다. 지원연령은 임관일 기준 만 20~27세예비역은 복무기간에 따라 1~3세 지원연령 연장이다.

신체조건은 남자는 키 161cm 이상 체중 46kg 이상 나안시력 0.6 이상이 지원 가능하며, 여자는 키 152 cm이상 체중 44kg 이상 나안시력 양안 0.6 이상 되어야 지원이 가능하다. 단, 렌즈착용은 불가능하며, 폐소공포증, 색맹, 색약은 지원이 불가능하며, 문신은 한 부위 지름이 7cm 이하, 두 부위 이상 합계 면적 30cm 미만인 경우에만 지원이 가능하다. 또한, 종합 신체 2등급 이상부터 지원 가능하며, 특전부사관의 선발평가는 다음과 같다.

필기평가(20)	합·불(직무적성검사, 국사, 인성검사)
체력검정(40)	외적 자세, 품성평가, 내적 역량, AI면접·인성검사
면접평가(30)	3km 달리기, 팔굽혀펴기, 윗몸일으키기
직무수행능력평가(10)	지휘추천(10), 근무평가(20)
신체검사	합·불
총점	100점

선발평가에 합격하면 특전부사관이 되기 위한 입대 및 양성교육을 받는데, 기간은 18주이다.

첫 1주는 가입교 기간으로 입영행사, 정밀신체검사, 군법교육, 체력검정, 팀 단위 극복훈련 등을 실시하며, 5주 동안 군인화 기간으로 신병교육 13개 과목, 인성교육, 육군특전사 가치관 등을 실시한다. 군인화 기간이 지나면 공수교육을 3주 동안 실시한 뒤 신분화 과정 9주를 거친 뒤 특전부사관으로 임관하게 된다.

4
대한민국 육군의 주요 무기체계

육군은 '강한 군대만이 평화를 지킬 수 있다'는 신념으로 국토방위의 소임을 완수하고, 최첨단 과학 무기와 훈련 시스템을 개발하여 자주국방과 방위산업의 기틀을 마련하고 있다. 도약을 거듭한 대한민국 육군은 이제 세계 각국에 국방기술과 시스템을 수출하는 등 세계적인 일류 군대로 자리매김하고 있다. 적을 압도하는 강력한 군사대비 태세를 유지하면서 끊임없는 변화와 혁신을 통해 '정예화된 선진육군'으로 거듭나고 있다. 육군의 주요 무기체계를 알아보자.

▌육군의 전차

육군의 전차는 막강한 화력을 자랑한다. 이렇게 막강한 화력을 가지게 된 것은 한반도에서 전쟁이 난다면 대규모 화력전과 기갑전이 벌어질 것으로 예상했었기 때문이다.

대한민국 육군의 전차					
K-2	K-1A1	K-1	T-80U	T-80UK	M48A5k

① K-2

최신예 3.5세대 전차로, K-1 전차의 후계 기종으로 개발하여 2014년부터 실전 배치 중이다. 구릉지가 많은 한반도의 작전 환경상 장갑과 화력, 기동성 같은 통상적 성능도 뛰어나지만, 타국의 주력 전차에 비해 자동 장전장치나 전자장비에 많은 공을 들인 것으로 알려져 있다.

② K-1A1

K1A1 전차는 대한민국 육군 K1 전차를 전면적으로 재설계한 모델로서, 북한의 T-72 전차에 대항하기 위해 120mm 활강포를 탑재하고 차대와 포탑을 K1 전차를 바탕으로 전반적으로 재설계하여 신규 생산된 전차로 1997년대 개발이 완료되었다.

③ K-1

K1 전차는 88 전차라고도 하며 대한민국 육군이 운용하는 3세대 주력 전차이다. 주포인 활강포에는 써멀 슬리브와 배연기가 있고 M1 탄도 계산기에 기반한 컴퓨터 사격 통제 시스템과 환경 센서 패키지를 사용한다.

④ T-80U

1990년대 대한민국에는 적의 무기체계를 연구하기 위해 T-80U 전차가 30여 대가 도입된다. 그러나 육군은 이후 T-80U 전차를 정식장비적의 무기체계를 연구하기 위해 들여온 교육용 장비로 채택했고, 지금은 실전 배치되어 전투용으로 사용 중이다.

⑤ M48A3K

화력은 다른 전차에 비해 떨어지지만 북한의 전차보다 검증된 1세대 주력 전차로 오랫동안 사용해왔다. 현재는 대한민국 주력 기계화 보병사단의 전력에서는 제외되어 후방에서 사용될 계획이다.

육군의 장갑차

대한민국 육군의 장갑차			
K-21	BMP-3	K200/A1	K806/808

① K-21

대한민국 최초의 본격 보병 전투 장갑차로 유사 등급의 장갑차보다 가벼우면서 속도가 빠르고, 동시에 탑재 중량도 더 큰 편이다. 여덟 명이 여유 있게 탑승할 수 있으며, K-21의 내부에는 파노라마식으로 관측이 가능한 ICPS가 장착되었으며, 열상 감시와 레이저 거리 측정이 가능하다. 보병실에도 15인치 스크린이 설치되어 하차 전에 외부 환경을 미리 탐색한 후 내릴 수 있다.

② BMP-3

BMP-3의 공격력은 현존 주력 보병전투차 중에서 최고 수준이라는 평가를 받는다. 경장갑차량도 격파가 가능한 100mm 구경의 저압포와 고속 사격이 가능한 30mm 기관포를 주 무장으로 하여 모든 화력을 통합 관리할 수 있는 2K23 무장 시스템이 장착되어 전투효율을 극대화했다. 화력만 놓고 본다면 경전차 정도의 능력을 발휘할 수 있고 경우에 따라서는 충분히 전차 격파도 가능하다.

③ K200/A1

현대적인 의미의 장갑차 분류로 보자면 보병전투차IFV보다는 보병수송차APC에 가깝다. 승무원 3명 이외에 총 9명의 무장 병력이 탑승 가능하며, 전투를 수행할 수 있도록 측면과 후면에도 잠망경과 총안구를 설치했다. 기관총과 전기식으로 작동하는 6발의 연막탄이 탑재되어 있으며, 대전차 미사일을 장착할 수 있다. 도강渡江 및 도하渡河 소요가 많은 한반도 지형의 특성을 고려하여 완전 밀폐식으로 설계했다. 유속 5km 이내, 파고 30cm 이하의 강이나 바다를 약 7km/h의 속도로 이동할 수 있다. 또한 60% 종경사, 30% 횡경사, 그리고 68cm 높이의 계단을 극복할 수 있다. 400리터 연료를 완충시킬 경우 최대 480km까지 주행이 가능하다.

④ K806/808

차륜형 장갑차는 궤도형 장갑차에 비해 속도 면에서 큰 장점을 가지고 있다. 도로에서 궤도형 장도로에서 시속 100㎞ 이상 주행이 가능하며, 워터제트WaterJet 추진장치를 장착해 수상에서도 시속 10㎞로 이동할 수 있다. 모든 바퀴에는 각각의 독립 구동 기능을 탑재했고, 피격 시에도 시속 48km/h 이상으로 한 시간가량 주행이 가능한 전술타이어를 사용하여 피탄 시에도 신속한 기동이 가능하다.

¤ 전차와 장갑차

전차와 장갑차의 공통점과 차이점은 전차는 장갑차의 한 종류로서 강력한 주포와 상당한 방어력을 갖춘 장갑차이다. 반면, 장갑차는 전차처럼 강력한 공격·방어·기동 능력을 갖추지 못했지만 물자 수송, 대전차포·대공 기관포·박격포·야포를 탑재해 다양한 임무를 맡는 장갑 차량이다.

야포

야포는 육지의 야전군과 함께 기동할 수 있는 비교적 소형의 기동성 높은 화포를 뜻하는 말이다. 곡사포, 평사포, 대전차포, 자주포 등 대포 하면 떠올릴 수 있는 대부분의 포는 야전포이다.

대한민국 육군이 보유하고 있는 야포는 다음과 같다.

대한민국 육군의 야포					
K-9	K-55	KH179(견인곡사포)	M114(곡사포)	M101(곡사포)	K105A1

① K-9A1

K9 자주포는 우리 독자 기술로 개발한 세계 최고 기술의 자주포이다. K9은 화력전투를 위한 긴 사거리, 실시간 신속한 집중 화력 제공을 위한 빠른 발사속도 등 우수한 성능을 갖추고 있으며, 사격 후 신속한 진지 변환이 가능하고 기동성 및 생존성이 뛰어나다. 또한, 다양한 나라의 요구를 충족하는 맞춤형 자주포를 개발, 사막에서 설원까지 다양한 작전환경에서 운용이 입증되어, 해외로 수출되고 있다.

② K-55A1

K-55 자주포는 K-9 자주포의 기술을 반영하여 개량, 성능이 향상됐다. 사거리가 최대 32km까지 늘어났고 발사 시간을 기존 2~11분에서 45~75초까지 줄였다. 또한, 관성항법장치가속도를 재어 위치, 방향, 시간 따위를 산출하는 운전 장치·위성항법장치세계 어느 곳에서든지 인공위성을 이용하여 자신의 위치를 정확히 알 수 있는 시스템·속도보정장치의 성능을 개량하여 자동화된 사격 및 야전 운용성과 사격 정확도를 개선하였다.

③ K105A1

대한민국 육군 보병에서 운용하는 차륜형 자주포로 105mm 견인곡사포를 5톤 트럭에 탑재해 자주화하고, 자동사격통제시스템과 위치확인시스템을 적용하여 운용 효율성을 획기적으로 향상시킨 신개념 무기체계이다.

④ KH179 155mm 견인곡사포

KH-179는 대한민국 육군의 견인포로 현재는 자주포의 보급으로 인해 후방에 배치하고 있다. KH179는 국내 독자 개발로 의미 또한 의지의 표현이 담겨있다. K는 'Korean', H는 'Howitzer', 1은 최초, 79는 개발 시작 연도를 각각 뜻한다. KH179는 미국의 M114 곡사포의 포신 길이를 두 배 가까이 긴 38구경장 포신으로 교체한 것이 가장 큰 특징이다. M114의 포신 길이는 3.62m지만 KH179는 7.08m에 달한다.

⑤ M114 155mm 곡사포

1942년부터 생산된 미군의 견인포. 초기엔 M1으로 불리다가 대량생산이 시작되며 M114란 이름으로 알려지게 된다. 대한민국이 KH-179를 전력화하기 전까진 이 포를 주력으로 운용했고 현재 예비군용으로 비축하고 있다.

⑥ M101 105mm 곡사포

대한민국의 과거 주력 화포이자 2차 세계대전~베트남전 시기까지의 미군의 주력 화포이다. 2010년대 초까지 전방 105mm 포병대대에서 흔하게 볼 수 있었으나, 현재는 일부 예포 운용을 제외하고는 사실상 퇴출 중이다.

¤ 전차와 자주포

전차: 화력과 장갑은 적의 방어를 뚫고 기동을 충분히 할 수 있도록 보장하기 위한 수단

자주포: 자주포는 어디까지나 화포가 중심이고 그 운용의 편의와 효율을 위해 기동성을 부여한 것

※ 자주포는 포탄을 높게 포물선을 그리는 곡사로 발사하지만 전차는 직선으로 발사하는 직사를 한다.

다연장로켓

다수의 로켓 발사관을 상자형인 발사기에 나란히 수납한 형태의 화포로 고성능 사격 통제 장치와 이동식 발사대를 하나의 시스템으로 통합한 포병 무기이다. MLRS다연장로켓시스템는 로켓과 전술 미사일ATACMS을 발사할 수 있으며 사거리 연장 로켓을 사용할 수도 있다. 자체적으로 사격 임무 접수, 위치 결정, 사격 제원 계산, 방렬 및 사격을 동시에 처리할 수 있다. 단시간에 강력한 화력을 목표 지역에 집중시킬 수 있으며 대포병 사격, 산포 지뢰의 발사 등에 적합하다.

대한민국 육군의 로켓		
천무 다연장로켓(K-239)	M270 MLRS	구룡다연장로켓(K-136)

① 천무 다연장로켓K-239

대한민국이 개발한 직경 239mm 다연장 로켓포이다. 트럭에서 12발

을 동시에 발사한다.

天舞천무는 하늘 천, 우거질 무로 '다연장로켓으로 하늘을 뒤덮는다'라는 뜻으로 2011년 국민공모를 통해 붙여진 명칭이다. 천무의 전투중량은 31t, 마력은 450마력으로 최대속도가 80km/h, 항속거리는 450km이다.

② M270 MLRS

M270은 로켓 12발을 장착하여 발사한다. '컨테이너' 상태로 묶여 장전되며, 각각의 컨테이너에는 로켓 6발이 들어가 있다. MLRS는 매 사격당 2개의 컨테이너를 장전해 발사, 회당 12발을 발사할 수 있다. 단발 사격, 2발 사격, 12발 전체 사격으로 선택하여 발사할 수 있다.

③ 구룡 다연장로켓K-136

구룡 다연장로켓은 대한민국 육군에서 최초로 개발하여 1986년부터 배치되기 시작하여 현재까지 운용되고 있는 다연장 로켓포이다. 구룡의 무게는 16.4t, 사격속도는 초당 2발로 로켓장전량은 36발까지 가능하며, 차량 최고속도 80km/h, 최대사거리는 23km~36km까지이다.

헬기

공군의 공중 전력과는 별도로 육군에서 직접 운용하는 항공 전력이 등장하게 되었는데 바로 헬기이다. 육군 병력 및 물자를 수송하는 헬기, 기관포와 미사일 등으로 무장하고 지상 목표물을 타격하는 공격헬기/무장헬기가 등장하였다. 이런 헬기들은 작전의 효율성을 위해 육군이 직접 운용할 필요성이 생겼고, 이로 인해 기존의 공군과는 별도로 헬리콥터를 주로 운용하는 항공부대가 생기게 되었다.

대한민국 육군의 헬기						
AH-64E	AH-1S/F	500MD Defender	Bo-105	CH-47D	UH-60P	KUH-1

① AH-64E아파치 가디언: Apache Guardian

육군이 보유하고 있는 공격 헬기로 아파치 헬리콥터는 공중지원용으로 개발된 중형 공격 헬기다. 후방작전, 근접작전, 여건조성작전을 수행할 뿐만 아니라 적 종심 정밀타격 임무도 수행한다. 특히 주요 이동 표적에 대한 정밀공격부터 전천후 주·야간 무장정찰 임무까지 가능하다.

② AH-1S/F코브라 공격헬기

수많은 전장을 누빈 본격 공격헬기의 원조라고 할 수 있다. 주로 수송용 헬기 보호와 지상전력에 대한 근접항공지원 임무를 소화하기 위해 개발되었으며, 조종석을 병렬식으로 배열이 된 좌석으로 설계했으며, 후방좌석은 헬기의 기동을 맡는 조종석이고 전방석은 무장과 센서를 통제하는 무장관제사가 탑승한다. 코브라는 조종석의 배열이 바뀜에 따라 동체를 얇게 설계했으며, 조종석 시계視界 확보를 위해 후방석의 높이를 높게 올렸다.

③ 500MD Defender

4.5톤 미만의 경헬기로 분류되는 MD 500은 대한민국 육군이 가장 많이 보유 중인 정찰헬기이며, 토우 대전차미사일 등을 장착해 공격헬기의 임무도 동시에 소화한다. 대잠전 형상은 수색용 레이더, 자기편차 탐지기magnetic anomaly detector, 공중 경어뢰를 장착하고 있으며, 대전차 헬기 형상은 양쪽에 각각 2기의 토우 대전차미사일을 장착할 수 있어 공격헬기 임무를 수행할 수 있다.

④ Bo-105

AH-1S 공격 헬기 부대의 주·야간 표적 획득 능력 향상을 위하여 1999년 도입했다. 표적 획득 장비TADS를 장착하여 주·야간 표적 획득이 가능하며, 12.7mm 기관총과 2.75인치 로켓을 무장하여 경공격 헬기로도 운용할 수 있다.

⑤ CH-47D

CH-47 치누크는 대형 수송헬기로 전쟁에 투입되어서는 병력·대포·보급품·장비 등을 전장으로 운송한다. 또 환자 후송, 항공기 회수, 낙하산 투하, 전투 탐색·구조, 재난 구조, 화재 진압, 대규모 건설 공사 등에도 이용된다. 기체 내부는 총 63㎥ 크기로 수밀격벽 구조의 화물실과 적재실을 갖추고, 2대의 다목적 차량 또는 1대의 차량과 105㎜ 곡사포와 소총부대를 탑재할 수 있으며, 33~55명까지의 중무장 병력과 24개의 들것도 적재가 가능하다.

⑥ UH60P블랙호크

블랙호크는 공중 강습작전, 기갑수색, 항공의무후송 부대의 기본 헬리콥터로 운용 중이며, 용도에 따라 개발된 수많은 파생기종은 특수전, 정보 수집, 의무후송, 전투 구출 등 다양한 용도로 쓰인다. 기관총과 로켓, 폭탄, 미사일 등으로 무장이 가능하며, 최고속력은 294km/h로 빠른 속도로 전장까지 비행할 수 있도록 설계된 수송기이다.

⑦ JUH-1 수리온

한국형 헬기 사업에서 개발한 첫 한국형 기동 헬기. '수리온'이라는 명칭은 '독수리의 용맹함'과 '국내 100% 제작'을 뜻한다. 제원은 다음과 같다. 로터 직경 15.8 m, 높이 4.5m, 최대 속도 235km/h, 최대 항속거리 440km, K-12 기관총 무장이 가능하다.

4장

대한민국 해군
(Republic of Korea Navy)

1
대한민국 해군의 목표와 교육훈련

해군은 1945년 11월 11일 창설되었고, 바다를 활동무대로 국가를 방위하고 해양에서의 국가이익을 확보, 증진함으로써 국가발전에 기여하는 것을 목적으로 한다. 해군의 주요 임무는 일반적으로 해상통제, 세력투사, 해군력 시현, 전략적 억제 등으로 구분되며, 임무 수행을 위한 주요 수단은 수상함정·수중세력·항공기 등의 입체전략이다.

해군의 역할

전쟁억제

해양통제

해양교통로 보호

군사력 투사

국가 대외정책 지원 및 국위선양

대한민국 해군의 교육훈련

해군의 교육이념은 이순신의 호국사상에 바탕을 두고 싸워서 이길 수 있는 정예 장병을 육성하는 데 있다. 교육목표는 다음과 같다. 첫째, 조국 해양수호를 위한 군인정신을 기른다. 둘째, 현대전의 과학화에 부응하기 위해 새로운 군사지식을 습득하고 창조적인 군사기술을 연구 개발한다. 셋째, 어떠한 상황에서도 싸워 이길 수 있는 강인한 체력과 실전적인 전술·전기를 연마한다. 따라서, 이러한 교육목표를 효과적으로 달성하기 위한 교육체계는 크게 학교·부대·기술교육으로 구분한다.

① 학교 교육

학교 교육은 양성교육과 위탁교육으로 나눌 수 있다. 먼저 양성교육은 소정의 절차를 거쳐 해군에 입대한 민간인을 군인 신분으로 전환해 해군 장교 및 사병으로 복무하는 데 필요한 군사교육과 병과별 필수 기본교육을 해 투철한 군인정신, 강인한 체력 및 불굴의 투지력을 부여하는 데 목표를 군 교육이다.

장교는 사관학교·기초군사학교 및 학군단에서 초급장교가 갖추어야 할 일반학 교육과 군사학 교육을 이수하고, 임관 후 실무에 배치된 장교는 병과별 기본 필수교육인 초군반 과정을 실시한다. 사병은 입대 후 6주간의 기초군사훈련 교육을 한 뒤 실무에 필요한 기본지식과 직무수행능력을 부여하는 병과별 직별교육인 보통과 과정을 이수하도록 한다.

그리고 개인 능력의 계속된 발전과 계급·직책에 상응하는 기본·특기능력 및 창의적인 사고, 숙달된 전문기술을 갖춘 우수한 기량의 분야별 전문 전투 요원 확보와 유지를 위한 교육과정이 있다. 장교는 중위·대위 때 초급지휘관 및 전대급 참모로서 직무수행에 필요한 지식 및 관리능력 부여를 위한 병과별 고군반 과정을 이수하고, 소령·중령 때 군사지식과 군사전문가를 육성하는 해군 장교의 최고 교육과정인 해군대학을 이수한다. 또한, 부사관을 위해 해당 직별의 관리·정비능력, 직별장 임무 수행능력을 부여하기 위한 전문교육으로 고등과 과정이 있다.

②부대교육

각 과정별 학교 교육을 이수하고 실무에 배속된 장병들에게 각 부대의 목표를 달성하기 위해 부대 특성에 알맞은 부대별 교육으로 전투 기량의 극대화에 중점을 두고 실시하고 있다.

③ 기술교육

장병에게 하는 일인일기 교육으로 국가공인 기술자격을 취득시켜 군의 기술전력을 강화하고 전역 후 국가산업사회에 참여할 수 있는 기능인력 양성에도 기여하고 있다.

④ 상륙작전훈련

해군훈련의 꽃이라 할 수 있는 총체적인 훈련으로, 상륙군이 함정과 항공기의 화력지원 하에 가상의 해안에 해상 및 수직 상륙돌격을 감행해 해안 두보海岸頭堡를 확보하며 상륙하는 지상 작전을 지원하기 위한 훈련이다. 함정·항공기·해병부대가 동시에 참가해 상륙돌격·상륙기습·

해안침투·공중기동훈련 등을 실시한다.

⑤ 해상사격훈련

해상에서 함정유형별·구경별·탄종별 구분에 따라 해상 이동 및 고정표적, 항공기에 의한 대공 표적을 이용해 실시하는 함정사격훈련으로, 야간 및 저시정低視程: 육안으로 목표를 분간할 수 있는 최소한의 거리 상황에서도 명중률을 높이는 데 초점을 두고 있다.

⑥ 대잠훈련

북한 해군세력 중 그 위협도가 높은 잠수함 세력에 대한 위협을 예방하고 유사시 초전에 이를 격퇴하기 위해 잠수함 탐색 및 공격훈련을 실시, 적의 잠수함에 대한 방어 및 공격능력을 향상하는 훈련이다.

⑦ 기뢰전훈련

소해함·소해 항공기·기뢰부설함·수중파괴 요원이 동시에 참여해 기뢰 부설훈련 및 소해훈련 등을 실시, 기뢰부설 및 소해 능력을 향상하며, 전시에 항만사용을 원활하게 함은 물론 유사시 적의 주요 항만 봉쇄 작전능력 향상을 목표로 한다.

⑧ 해상대간첩작전훈련

북한의 해상침투를 저지하기 위해 함정이 항공기의 지원을 받으며 북한간첩선의 예상침투해역 및 침투양상을 고려해 실시하는 해상훈련이다.

⑨ 구조전훈련

불의의 사고에 대해 구조를 하기 위해 구조함정과 해난 구조요원이 참가하는 훈련으로, 침몰선 인양훈련·대양예인훈련·수중폭파훈련·함정 소화훈련·좌초선 이초훈련 등이 있다.

⑩ 특수전훈련

비정규전 하에서 특수임무 수행능력을 향상하기 위해 특수전 요원과 구조함정이 참가하는 훈련으로, 공중고무보트 낙하훈련, 전투 폭파훈련, 전투 기동훈련, 수중 은밀 침투에 의한 자석 폭탄 훈련, 그리고 잠수함 훈련 등이 있다.

⑪ 순항훈련

해군사관학교 생도의 4년간 학업과정의 총결산으로 평소 교실에서 배운 지식을 함상에서 실습을 해 익히는 한편, 우방을 순방해 견문을 넓히고 대한민국의 국위선양에도 크게 공헌하고 있다. 1954년 해군사관학교 제9기생부터 시작해 1974년까지 동남아시아의 대만·베트남·필리핀·싱가포르·말레이시아·홍콩과 오세아니아주의 오스트레일리아·뉴질랜드 등을 순방했으나, 1975년부터는 중동 및 미주지역으로도 순항항로를 개척해 인도네시아·인도·이란·사우디아라비아·오만·미국·캐나다 등지로 확대했으며, 1977년에는 아프리카의 케냐까지 확대했다.

이 순항훈련 중 생도들은 항해술·기동전술·대잠전·포술·기관 운전 등 교실에서 습득한 지식을 실제로 응용하고 숙달시킬 기회를 얻게 되며, 한

편으로는 작전장교·포술장교·항해사·기관장교로서의 임무를 수행할 수 있도록 훈련한다. 그 밖에 순방국 해사 생도들과 축구·럭비 등의 친선경기를 가지고 태권도시범·의장대시범·군악연주 등을 시범하기도 한다.

또한, 장기간의 항해 중 고통스러운 뱃멀미와 뜨거운 열대기후를 이겨낼 수 있는 적응력을 기르고, 적도를 지날 때는 안전항해를 기원하는 전통적 관습인 '적도제赤道祭'를 지낸다.

생도들은 순방국 국민들과 우리 교민들에게 한국의 발전상을 소개하고 교민들에게 조국애를 북돋워 주는 등의 민간외교와 순방지역의 정부 및 군 고위지도층을 친선 예방하는 군사외교를 펼치며 국위선양에 크게 기여하고 있다. 특히, 1976년 미국순방 때는 미국독립 200주년 기념행사에 참여해 세계 50여 국과의 의장대 시범 및 군악 연주 경연에서 우승함으로써 한국 해군의 우수성을 과시하는 기회를 얻기도 했다.

해군의 다짐

우리는 영예로운 충무공의 후예이다.

하나. 명령에 죽고사는 해군이 되자.

둘. 책임을 완수하는 해군이 되자.

셋. 전기를 갈고 닦는 해군이 되자.

넷. 전우애로 뭉쳐진 해군이 되자.

다섯. 싸우면 이기는 해군이 되자.

2

대한민국 해군의 병과

대한민국 해군은 해상작전을 주 임무로 하지만, 해군의 다양한 임무 특성 상 장교 병과와 부사관 병과로 구분되어있다.

장교 병과	함정, 항공, 정보, 정보통신, 병기, 보급, 공병, 조함, 재정, 공보정훈, 군사경찰	
부사관 특기	항해	갑판, 조타, 전탐
	기관	추진기관, 보수
	전투체계	무장, 사통, 음탐
	통신/전자	정보통신, 전자, 전자전, 전기
	기능	정보, 공병, 보급, 재정, 통정, 조리
	행정	행정, 법무, 공보정훈, 군사경찰
	항공	항공조작, 통제, 전자, 무장, 장비, 기관, 기체
	기타	의무, 군악, 특전(UDT), 잠수(SSU), 수송
특수 병과	법무, 의무, 군종	

1. 장교 병과

① 함정

함정장교는 함정 운용 및 정비 해상·육상부대 지휘·참모 임무와 해상 경비작전 및 연합작전을 수행한다. 육상부대에서 근무 시에는 인사, 작전, 교육훈련, 군수 등의 업무를 수행하기도 한다.

② 항공

항공장교는 해·육상 항공작전수상함·잠수함전, 특수전 등, 연합청해부대, RIMPAC 해상 항공작전을 수행하며, 상황에 따라 산불진화, 환자이송 등 대민 지원임무를 수행하기도 한다.

③ 정보

정보장교는 전투정보, 음향·해양·기상정보, 영상정보, 표적정보 등과 정보수집 및 분석장비체계 획득 및 운용 등 다양한 분야의 전문화된 정보업무를 수행한다.

④ 정보통신

정보통신장교는 네트워크 지원을 통한 실시간 지휘통제를 보장하는 것을 주 임무로 전장 감시체계 구축을 통한 전장 가시화, 사이버전 대응 및 정보보호 임무 등의 임무를 수행한다.

⑤ 병기

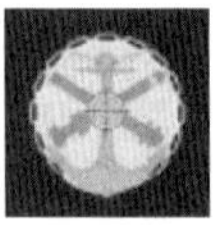

병기장교는 무체계 및 탄약폭박물운용 및 정비, 저장, 보급의 임무를 주 임무로 무기체계 획득과 성능개량, 시험평가 및 기술지원, 연구개발 기술 검토 및 지원 등의 임무를 수행한다.

⑥ 보급

보급장교는 군수품의 소요 산정, 예산요구 및 조달업무를 주 임무로 획득된 군수품 저장관리 및 분배, 처리 업무와 보급제도의 발전 및 보급관리 정보체계 발전 등의 임무를 수행한다.

⑦ 공병

공병장교는 전·평시 시설물 유지관리, 보수, 피해복무 및 수중건설을 주 임무로 육상 및 항만 시설공사 설계 및 공사감독, 기동승용차, 버스, 트럭 등 및 건설장비 굴삭기,크레인 등를 지원하고, 환경보전수질, 대기, 토양 등 및 국유재산매입, 매각, 교환 등 관리 등의 임무를 수행한다.

⑧ 조함

조함장교는 해군 전력의 소요, 획득, 운용유지, 개조, 개장 등 수명주기 동안 함정기술, 획득관리 업무를 주 임무로 함정의 기술관리, 건조감독, 연구발전 등의 임무를 수행한다.

⑨ 재정

재정장교는 예산의 배정, 지출원인행위 등 예산운영을 주 임무로 국방부에서 사용하는 국방통합재정정보시스템, 국방전자조달시스템 등을 운용하는 임무를 수행한다.

⑩ 공보정훈

공보정훈장교는 장병들의 정신교육 및 강의지원 및 교육자료를 제작하고 홍보기획, 취재지원, 사이버SNS홍보와 군악연주회, 홍보단 공연, 문화예술 활동의 등의 임무를 수행한다.

⑪ 군사경찰

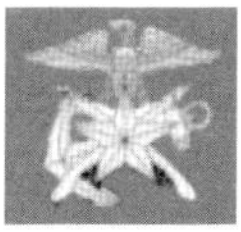

군사경찰은 군 범죄 예방 및 수사·군기·질서유지·경계 임무를 주 임무로 장병의 권익을 보호하고 기초질서 유지 및 군기강 확립활동과 해군기지를 방어를 위한 지상작전 등의 임무를 수행한다.

2. 부사관 특기

- 항해

① 갑판

갑판부사관은 함정 출·입항관련 각종 장비를 취급하고, 함정의 작전,

훈련업무를 수행하기 위하여 상륙함 운용법, 조난자 구조법, 함정예인 및 해상보급법 등 각종 갑판기술을 습득하며, 행정업무로는 부대제반 행사보좌, 군기확립업무 등 부대 운용에 필요한 포괄적 업무를 담당한다.

② 조타

조타부사관은 안전항해 도모와 항해보좌 임무를 수행하기 위하여 국제해상 충돌예방 및 각종 항해술을 숙지하고 항해장비 운용기술과 조타요령 숙달 등 항해사로서의 함정을 조종하는 이론과 기술을 습득하며, 작전, 훈련시 항공기 및 함정을 식별하여 시각 전투정보 제공과 필요시에는 기상관측 업무를 담당한다.

③ 전탐

전탐부사관은 전술교서에 기술된 전투정보의 수립절차 및 평가에 관한 지식을 습득하여 함정의 전투정보 상황실에서 각종 레이더 및 탐지장비를 운용하고, 일반항해 및 전투, 훈련 상황시 제반 정보를 수집·평가하여 지휘관을 보좌하는 업무를 담당한다.

• 기관

① 추진기관

가스터빈, 내연기관 및 부속장치와 조작계통, 전기계통, 보일러 계통, 보기, 냉동장치, 통풍장치 등에 대한 운용·정비에 관한 업무를 담당한다.

② 보수

보수부사관은 함정의 수리 및 정비업무를 위주로 선체 취환, 수리, 용접, 배관설비, 공작기계를 이용한 수리 부속품 가공 및 화재, 침수, 선체 파손시 손상을 복구하여 함艦 안전과 전투력을 유지하는 업무를 담당한다.

• 전투체계

① 무장

해상화기, 지상화기, 탄약·폭발물, 유도·수중무기, 화생방 장비·물자 및 이와 관련된 장비·장치·수리부속 등에 대한 운용·정비에 관한 업무를 담당한다.

② 사통

사격통제체계, 전투체계, 유도탄 조사기 및 이와 관련된 장비·장치·수리부속 등에 대한 운용·정비에 관한 업무를 담당한다.

③ 음탐

음탐부사관은 음파를 이용하여 물표를 탐지하는 음탐기 및 수중정보장비를 운용·정비하는 임무를 수행하며, 음파를 송신하여 잠수함 및 기뢰를 탐지하는 능동음탐기와 수중에서 발생하는 소음을 접촉하여 표적을 탐지 및 식별하는 수동 음탐기를 운용하여 각종 정보를 수집·분석하는 음향 전문가로서 대잠전 및 대기뢰전 등에 있어서 중추적인 역할을 담당한다.

• 통신/전자

① 정보통신

위성통신장비, 디지털전문처리체계, 네트워크 중심의 정보통신기반체계, 유·무선 통신장비, 전산기 및 주변장치 운용·정비에 관한 업무를 담당한다.

② 전자

전자부사관은 기초전자이론, 전자공학 등의 전문지식을 쌓고, 최첨단 정보화시대의 핵심인 각종 통신전자 분야의 각종 전자장비의 예방정비와 수리 업무에 대한 전자 기술을 습득함은 물론, 다양한 교육기회를 통하여 제반 전자·정보통신 분야의 장비를 효율적으로 운용·정비하는 업무를 담당한다.

③ 전자전

전자전부사관은 장비 및 이에 부속되는 기기를 운영하며 각종 전자정보를 수집, 분석, 식별, 평가, 필요시 전자 대항책을 실시하며, 전자전장비를 정비 유지하는 업무를 담당한다.

④ 전기

전동기, 발전기, 자이로 등에 대한 운용유지·수리 및 기타 전기장치·

회로, 추진제어계통 등에 대한 검사유지·수리에 관한 업무를 담당한다.

- 기능

① 정보

전투정보적·주변국 관련 첩보수집, 영상판독, 대정보, 기술정보 등, 해양환경자료 수집, 기상관측·예보, 군사보안 및 암호시스템 관리에 관한 업무를 담당한다.

② 공병

공병부사관은 해·육상 시설물에 관한 업무, 시설공사 설계 및 공사관리업무, 시설물의 품질관리 및 공사감리 업무를 담당한다.

③ 보급

부대운영에 필요한 각종 개인보급품, 군수물자의 소요, 획득, 저장 및 분배, 정비, 처리 등 부대운영에 필요한 서비스에 관한 업무 수행과 보급관계 각종 기록물의 관리 및 행정처리에 대한 업무를 수행한다.

④ 재정

부대운영에 필요한 물품 및 서비스에 관한 업무수행과 개인에 대한 공여품 공급 및 계약, 예산관리 및 집행, 금전관리 등의 관계서류 작성 및 지불에 관한 업무를 담당한다.

⑤ **통정**

통정부사관은 신호정보유·무선통신, 음향·전파에 관한 참모총장이 지시하는 특수 직무업무를 담당한다.

⑥ **조리**

조리부사관은 부대의 영양사로서 부대원의 식단작성, 식당 위생관리 및 급식에 관계되는 제반 물품을 청구, 수령 및 보관 업무를 담당한다.

- **행정**

① **행정**

행정부사관은 전자문서처리, 법령 및 규정관리, 행사업무 진행, 인사관계통계 및 제보고, 급여, 복지업무 등 부대 전반적인 인사행정 보좌업무를 담당한다.

② **공보정훈**

공보정훈부사관은 군 정신전력의 강화를 통한 필승의 전투의지 고양에 기여하고자 하는 정훈 업무에 종사한다. 정훈 업무의 주된 내용은 기본정훈교육, 해군 정체성교육, 인성교육 등이며, 군에 관한 사항을 각종 보도매체를 통해 전 국민 또는 장병에게 널리 알리는 홍보활동 업무를 담당한다.

③ 군사경찰

군사경찰 부사관은 법규시행, 부대 재산보호 및 각종 군 범죄를 예방하고 군사법원법에 의하여 군사법 경찰관으로 범죄수사 업무를 담당하며, 각종 경호 및 호송임무 수행 또는 기지경계 임무를 담당한다.

- 항공

① 항공조작

항공 조작부사관은 항공기에 탑승하여 기동헬기, 대잠헬기, 대공 표적예인기, P-3C 기의 기관 장비조작, 탐지장비 조작, 탑재무장 투하 및 전자장비 수리 등의 조작 업무를 담당한다.

② 항공통제

항공통제부사관은 해군이 보유하고 있는 군 공항에 배치되어 항공 관제업무레이더 관제 및 관제탑 관제, 비행계획서 및 항공 고시보 운용, 공항시설물 관리 및 항공기 운항관리를 담당한다.

③ 항공전자

항공기 탑재 전자장비의 부대급 및 야전정비와 군수품 관리, 정밀측정 장비의 관리 유지업무를 담당한다.

④ 항공무장

항공무장부사관은 고정익 및 회전익 항공기의 무장 장·탈착, 각 항공기 무장계통의 정비 및 항공탄약의 관리 유지 업무를 담당한다.

⑤ **항공장비**

– 비파괴: 항공기 부품에 대한 비파괴검사 담당

– 제작: 항공기 판금 및 특수용접을 이용하여 부대 및 야전급 구조 수리 담당

– 장비: 항공기 지상지원장비 지원 및 정비담당

– 장구: 항공기용 구명대 및 구명정·낙하산 정비담당

⑥ **항공기관**

항공기관부사관은 고정익 및 회전익 항공기 엔진 각 계통오일, 연료 및 시동계통의 점검, 주기검사, 엔진 모듈 분해·조립 및 외주정비엔진 TEST 등의 정비 업무를 담당한다.

⑦ **항공기체**

항공기체부사관은 고정익 및 회전익 항공기에 대한 기체, 전기, 계기, 유압, 여압, 계통 등의 정비 업무를 담당한다.

– **기타**

① **특전**UDT

특전부사관은 참모총장이 지시하는 특수한 직무를 수행한다.

② 잠수SSU

잠수부사관은 각종 해난구조 임무를 수행하며, 항만 및 수로상 장애물 제거, 수중폭파의 임무를 가지며 또한 모든 잠수장비 등을 사용하며 정비 유지하는 업무를 담당한다.

③ 수송

수송부사관은 각종 자동차와 건설장비의 운전 및 정비능력을 배양하여 군생활 동안 수송지원과 차량관리 업무를 수행하며, 육군·철도·항공 수송계획, 배차 장비도입, 도태 등 수송부 관리 업무를 담당한다.

3. 특수병과

① 법무

군사법원 심판, 검찰서기로 근무하며 군사법원법에 따라 검찰수사 및 재판업무에 종사하고 군사법 행정업무를 담당한다.

② 의무

의무장교는 의정과 간호로 나누어진다.

- 의정: 군 병원 등 의무부대의 의료활동에 필요한 의무지원 등 운영업무를 수행한다.

행정분야: 등록 및 인사행정업무, 의무군수지원

예방의무: 약제업무, 방역·식검업무

– 간호: 장병 건강증진 활동, 응급치처 교육과 해외파병 및 각종 훈련 시 의무 지원근무를 한다. 또한, 해군병원 및 의무대 입원, 외래 환자 간호 업무를 수행한다.

의무부사관은 의료관계 직무를 담당하며, 군의관의 보좌요원으로서 각종 부상에 대한 예방과 치료를 하고, 장병의 신체검사를 보좌하는 업무를 수행한다. 또한 부대의 위생상태를 관리 감독하는 업무를 담당한다.

③ 군악

군대의식, 예배식, 음악회 및 기타 각종 오락행사에서 음악을 연주하는 취주군악대 및 관현악단의 일원으로 6개 혹은 그 이상의 취주악기, 건반악기, 타악기 및 목관악기 등을 연주하고, 자기가 사용하는 악기를 적절히 취급보관 수리하며, 군악대에서 사용할 특수한 음악을 편곡하고 악보 작성 업무를 담당한다.

3
대한민국 해군의 특수부대

대한민국 해군의 특수부대로는 UDT수중파괴대, SEALSea, Air and Land: 특수작전대, EODExplosive Ordnance Disposal; 폭발물처리대, CTCounter Terror; 대테러특임대의 4개 작전대로 구성되어 유사시 상륙작전에 앞서 적 해안에 침투하여 기뢰 등 수중 장애물을 제거하고 상륙부대에 각종 해안 정보를 제공하는 임무와 비정규전, 대테러, 인질구출, 정보전, 특수정찰 등의 임무를 수행한다. 또한, 해난구조전대는 해양 재난·사고에 대한 인양 및 구조 작전 임무를 수행하는 특수임무부대로, SSUSea Salvage & Rescue Unit가 있다.

특전용사의 신조

나는 명예와 긍지 속에 필승의 신념을 다지는 해군 특전용사로서

하나. 조국과 민족을 위하여 충성을 다한다

하나. 명령에 복종하고 특공 작전에 목숨을 건다

하나. 전우애를 바탕으로 부대 단결에 앞장선다

하나. 승리 앞에 겸손하며 패배를 모른다

하나. 강자에게 당당하고 약자를 보호한다

UDT/SEAL

해군 특수전전단UDT/SEAL은 1955년 11월 9일 창설된 대한민국 해군의 특수전 부대이다. 초기에는 수중파괴 임무UDT만 수행하였고, UDT수중파괴대, SEALSea, Air and Land: 특수작전대, EODExplosive Ordnance Disposal: 폭발물처리대, CTCounter Terror: 대테러특임대의 4개 작전대로 구성되어 유사시 상륙작전에 앞서 적 해안에 침투하여 기뢰 등 수중 장애물을 제거하고 상륙부대에 각종 해안 정보를 제공하는 임무와 비정규전, 대테러, 인질구출, 정보전, 특수정찰 등의 임무를 수행한다.

해군 특수전전단은 '불가능은 없다'는 모토 아래 UDT 대원들은 기초훈련만 24주 동안 받고, 특히 지옥주간 훈련 동안에는 132시간 동안 잠을 자지 않은 상태에서 갯벌훈련, 수십 km의 전투수영 등 인간의 극한을 넘나드는 훈련을 실시한다.

SSU(해난구조전대)

해군 SSU는 전군 최고 수준의 수중 작전능력을 보유한 부대로, '평시'에는 인명구조 및 선체인양 등의 해난구조작전, 항공구조작전, 항공기·선박의 해양사고 규명 및 구조 등의 임무를 수행하며, '전시'에는 주요 항만 개항유지 지원 및 상륙작전 시 전투구조 임무를 수행한다.

SSU는 고도의 전문성과 강인한 체력이 요구되기 때문에 100% 지원자로만 구성되며, 장교·부사관·병사를 통합해 연 1회 선발하고 있다. SSU 양성 교육과정은 장교·부사관·병사 구분 없이 12주로 구성되어 있으며, 이를 이수하면 장교는 18주, 부사관은 14주의 초급과정이 이어진다.

해군 특전부사관 지원방법

해군 특전부사관은 일반부사관 모집과 동일한 시기에 진행된다. 하지만, 매번 모집에서 특전부사관을 모집하는 것이 아니기에 일정을 매년에 확인해서 준비해야 한다. 특전부사관은 현역입영 판정을 받은 자로서 신장 160cm 이상 190cm 이하의 좌·우 나안시력이 0.5 이상인 자여야 한다. 또한, 평영 및 자유형 200m 이상이 가능하고 입영이 3분 이상 가능한 자가 지원할 수 있다. 또한, 장교는 현역 장교로서 함정초

군반 과정을 수료한 위관장교도 지원할 수 있으며, 일반 현역부사관은 임관 후 2년 이내인 하사중사 진급예정자 포함도 지원할 수 있다.

선발제도 중 특전부사관이 다른 점은 실기평가를 응시해야 한다는 점이다.

계	필기시험	면접	실기	가산점	신체/인성검사(신원조사)
170	130	40	-	총점의 20%	합·불
270	130	40	100	총점의 20%	합·불

실기평가에서는 체력검정과 수영검정을 실시한다. 체력검정에서는 팔굽혀펴기, 윗몸일으키기, 턱걸이, 3km 달리기를 실시하고, 수영검정에서는 평영 200m, 자유영, 입영으로 검정을 한다.

선발평가에 모두 합격하면 11주간의 양성 과정을 받는다. 1주차부터 4주차 기간에는 일반부사관들과 함께 해군 부사관 교육대대에서 훈련을 받고, 4주차까지 교육을 마치면 해군 특수전단으로 이동하여 기초 특수전 교육, 체력단련 교육, 체력단련, 수영, IBS, 지옥 주 등을 거치고 임관식을 한다. 임관 이후에는 해군 특전부사관 초급반 18주 과정을 마친 뒤 진정한 해군 특전부사관으로 거듭날 수 있다.

대한민국 해군 특수전 부대는 세계 최강으로 손꼽히는 만큼 합격은 물론 입영 후 임관까지 가는 절차도 결코 쉽지 않기 때문에 건강 관리와 최상의 컨디션을 유지하는 것이 가장 중요하다.

4
대한민국 해군의 주요 무기체계

인류의 역사는 곧 바다의 역사였다. 오늘날 해양을 둘러싼 세계 각국의 갈등은 더욱 커지고, 강대국들은 이미 국가 생존 차원에서 막강한 해군력을 바탕으로 다투어 바다로 나아가고 있다. 세계 속의 선진 일류 국가를 꿈꾸는 우리는 그 희망을 바다에서부터 실현해야 한다.

가장 깊고 넓은 곳에서 가장 높은 곳까지 더 큰 대한민국을 향한 우리의 꿈을 지키는 대한민국 해군의 주요 무기체계를 알아보자.

해군의 주요 무기체계는 잠수함과 수상함, 항공기로 나누어진다.

▌해군의 잠수함(SS-Ⅰ,Ⅱ,Ⅲ)

잠수함은 수중에서 활동하는 은밀성을 장점으로 대함전적 수상세력 및 상선의 위협을 거부하기 위하여 이를 파괴하거나 무력화시키는 작전, 대잠전적 잠수함의 효과적인 운용을 거부하기 위해 수행되는 작전뿐만 아니라 감시정찰 및 적 핵심표적에 대한 타격 임무를 수행하는 국가전략 무기이다.

잠수함의 함명 제정기준은 통일신라~조신시대 말까지 바다에서 큰 공을 남긴 인물예, 장보고함, 독립운동 공헌인물 및 광복 후 국가발전에 기여한 인물예, 도산안창호함로 제정한다.

▌해군의 수상함

대한민국 해군의 수상함			
구축함	호위함/초계함	유도탄고속함/고속정	상륙함
기뢰전함	군수지원함/훈련함	구조함	

① 해군의 구축함DDH, DDG

구축함은 전통적으로 대잠전을 주 임무로 하였으나 현대에는 대잠전과 대함전뿐만 아니라 대공전 능력이 더욱 강화된 해상기동부대의 주력함이다. 구축함의 함명 제정기준은 과거부터 현재까지 국민으로부터 영웅으로 추앙받는 역사적 인물과 호국인물예, 왕건함로 제정한다.

② 해군의 호위함FFG, FF/초계함PCC

호위함/초계함은 평시 경비 및 초계임무를 수행하고, 대함전, 대잠전, 대공전적의 공중 및 미사일 위협을 파괴하거나 허용할 수 있는 수준으로 감소시키는 데 필요한 작전행동 능력을 통해 적의 해상도발을 억제하는 우리 해역함대의 주요 전력이다. 호위함의 함명 제정기준은 대도시의 지명예, 서울함, 초계함은 중소도시예, 속초함의 지명으로 제정한다.

③**해군의 유도탄고속함**PKG/**고속정**PKMR, PKM

유도탄고속함과 고속정은 우수한 기동력을 바탕으로 적이 NLL북방한계선 및 후방해역에서 침투 도발 시 현장 대응하는 해역함대의 전초 전력이다. 유도탄고속함의 함명 제정기준은 6·25전쟁, 베트남전쟁, 연평해전예, 윤영하함 등 전투 귀감 인물, 고속정은 속력이 빠르고 신속한 특성을 고려하여 참수리와 같은 날렵한 조류로 제정한다.

④**해군의 상륙함**

상륙함은 해상으로부터 목표 지역으로 상륙 전력을 수송하는 임무와 국가 대외정책 지원을 위해 해외파병, 인도적 지원, 재난구조지원 임무를 수행한다. 대형수송함LPH의 함명 제정기준은 대한민국 영해 수호 의지를 담아 한국해역 최외곽에 위치한 도서예, 독도함, 상륙함LST은 상륙 후 고지 탈환의 의미를 내포하도록 지명도 높은 산봉우리예, 천자봉함, 고속상륙정LSF은 고속으로 기동하는 특성을 고려하여 솔개와 같이 민첩한 조류로 제정한다.

⑤**해군의 기뢰전함**

기뢰전함은 전시에 적 항만 봉쇄 및 우리 항만 보호를 위해 기뢰를 부설하는 기뢰부설함과 부설된 적의 기뢰를 탐색 및 소해하는 기뢰탐색함/소해함으로 구성된다.

– 기뢰부설함MLS

완전히 조립된 기뢰를 목적지까지 운반하여 부설하는 함정

– 기뢰탐색함MHC

기뢰대항전 함정의 한 형태로써 성능이 우수한 기뢰탐색 음탐기를 이용, 기뢰원을 정밀 탐색하고 정보를 획득, 전시, 타 함정에 제공하며 무인기뢰처리기 및 재래식 소해구로 기뢰를 처리 및 탐색하는 함정

– 소해함MSH

소해안전한 항해를 위해 바다 속의 기뢰를 탐색, 제거하는 일를 목적으로 소해구를 예인하는 함정으로 통상 기뢰탐색용 음탐장비

함명 제정기준으로 기뢰부설함은 6·25전쟁 시 기뢰전 관련 지역예, 원산함, 기뢰탐색함과 소해함의 함명 제정기준은 해군기지가 있었거나, 해군기지에 인접한 군·읍예, 해남함으로 제정한다.

⑥해군의 군수지원함AOE/훈련함ATH

군수지원함은 해상에서 장기간 작전임무를 수행하는 전투함정의 군수보급 지원 임무를 수행하며, 훈련함은 교육훈련 및 함정실습뿐만 아니라 유사시 다수 전사상자 의무지원 및 병력수송 임무를 수행한다. 군수지원함의 함명 제정기준은 함 특성유류, 청수 적재을 고려해 담수량이 큰 호수예, 대청함, 훈련함은 군사, 교육, 훈련에 관련된 역사적인 사실, 지명 또는 제도예, 한산도함로 제정한다.

⑦해군의 잠수함구조함ASR/수상함구조함ATS

잠수함구조함은 조난 잠수함/정인원 및 선체 구조, 해난구조작전 지

휘 및 통제 임무를 수행하며, 수상함구조함은 침몰 및 좌초 함정에 대한 구조작전, 항만 및 수로상 장애물 제거, 함정예인 업무 수행 및 해상화재함정에 대한 소화 임무를 수행한다. 잠수함 함명 제정기준은 해양력 확보와 관련 역사적 지명예, 청해진함, 수상함구조함은 해안 지역에 위치한 우리나라의 대표적인 공업도시예, 통영함로 제정한다.

해군의 항공기

해군 항공기는 대잠전, 대함전, 해상초계, 탐색·구조, 병력수송, 표적예인 등의 임무를 수행하는 고정익·회전익항공기로 구성되어있다. 항공기명 제정기준은 항공기의 종류 및 임무를 지칭하는 특정 문자 및 숫자를 부여하거나 항공기의 상징적인 의미를 나타낼 수 있는 별칭을 부여하여 제정한다.

대한민국 해군의 항공기	
해상초계기	해상작전헬기
해상기동헬기	표적예인기

①해상초계기P-3

해상에서 대잠전, 대함전, 전자전, 기뢰전 등의 복합 임무를 수행할 수 있는 고정익 항공기이다.

②**해상작전헬기**LYNX, AW-159

적 함정과 잠수함을 탐지하고 탑재된 대함 및 대잠 무기를 이용하여 공격까지 수행하는 특수 헬기이다.

③**해상기동헬기**UH-1H, UH-60P

앞서 육군의 주요 무기체계에서 소개된 UH-60P블랙호크와 동일한 임무를 수행하며, 해군에서는 해상기동헬기라는 용어를 사용한다. 공중강습작전, 기갑수색, 항공의무후송 부대의 기본 헬리콥터로 기관총과 로켓, 폭탄, 미사일 등으로 무장이 가능한 헬기이다.

④**표적예인기**Caravan-II

대공 사격 훈련 시 표적을 예인하는 고정익 항공기이다.

5장

대한민국 공군
(Republic of Korea Air Force)

1
대한민국 공군의 목표와 교육훈련

공군은 1949년 10월 1일 창설되었으며, 공중을 활동무대로 하여 항공기를 주요한 무기로 사용하는 군대로 대한민국의 영공방위를 책임진다. 육군·해군에 속하는 항공기를 제외한 항공기로 항공작전을 수행할 수 있도록 시설과 장비로 편성된 모든 군대를 의미한다.

좁은 의미에서는 육군·해군에 속하는 항공기를 제외한 항공기로 항공작전을 수행할 수 있도록 시설과 장비로 편성된 모든 군대를 말하기도 한다.

공군 목표

대한민국 공군은 항공우주력을 운영하여

첫째, 전쟁을 억제하고

둘째, 영공을 방위하며

셋째, 전쟁에서 승리하고

넷째, 국익증진과 세계평화에 기여한다.

공군은 공중 공간 매개체를 통하여 전·평시를 막론하고 적의 활동을 감시할 수 있는 특유한 능력으로 적의 활동을 적시에 신뢰성 있는 정보를 가지고 전력의 동원·분산·발사·관제 등을 위한 의사결정에 확고한 기준을 제공한다. 레이다나 유인·무인 감시장치는 공군의 지원에 중요한 부분을 형성한다. 또한, 적의 도발에 다양하고 신속하게 대응할 수 있으며, 적대행위가 시작된 초기 단계부터 분쟁의 범위를 억제하고 통제하면서 비상대기 태세의 강화, 전력의 이동배치, 무력시위 등을 통하여 적에게 공군의 신속대응성 의지를 나타낼 수 있다.

변화하는 상황에 따라 공군은 어떠한 지역에서도 임무를 수행하기 위해 자연적인 경계를 넘어 항공무기체계를 이동할 수 있으며, 고성능 기동 무기와 지원체제를 운용함으로써, 신속한 이동능력을 발휘할 수 있다. 적지의 어떤 지역에서도 다양한 작전을 펼칠 수 있도록 기습적으로 적의 방어망을 침투할 수 있는 능력과 짧은 시간 안에 막대한 화력을 집중시켜 적의 군사력을 선택적이고 광범위하게 파괴할 수 있는 능력을 갖추고 있다.

그 밖에도 대민 지원, 항공교통 관제, 과학기술 인력의 양성 및 배출 임무를 수행하며, 임무의 성공적인 수행을 위해 교육·훈련을 실시하고 끊임없는 무기체계를 발전시키고 있다.

대한민국 공군의 교육훈련

공군의 교육훈련은 임무 수행상 요구되는 지식과 기술을 습득하게 하고 사명감 및 협동심을 향상할 수 있게 만들고, 반복과 숙달을 통하여 사고의 습성과 행동의 반응을 표준적인 방향으로 지향시켜 준다. 또한, 특정한 군사 목적을 효율적으로 달성할 수 있도록 기술과 숙련을 제공한다. 공군의 교육훈련과정은 다음과 같다.

① 기본 군사훈련

민간인에서 군인으로 신분이 바뀌는 데 필요한 군인정신의 함양과 공군 일원으로서 임무를 수행하는 데 필요한 기본 군사지식과 기본 전투 기량을 부여하기 위한 가장 기본적인 훈련과정이다. 기본 군사훈련과정에서 강조되는 점은 군인 복무규율의 충분한 이해와 숙지, 국가와 민족의 생존권을 좌우하는 국토방위를 담당하고 있다는 긍지를 심어주는 것이다.

② 기술훈련

공군의 각종 특기별 직무와 직책을 이행하는 데 필요한 지식과 기술을 부여하기 위하여 단계별로 실시하는 훈련이다. 기초단계에서는 최초로 배당되는 직무를 수행하는 데 필요한 기술을 제공하고, 고급단계에서는 기술 수준의 향상과 상위의 보직으로 발전하는 데 필요한 직무수행 능력을 제공한다.

③ 작전훈련

부여된 임무를 수행하는 데 필요한 사항을 충족시킬 수 있도록 실시하는 훈련으로, 이 훈련의 핵심은 비행훈련이다. 비행훈련은 공군이 보유하고 있는 각종 항공기에 대한 신규 조종사를 양성하고, 조종사의 전투 기량을 향상하기 위하여 단계별로 실시된다.

초등·중등·고등 비행 훈련에서는 조종사로서의 기본지식과 비행능력을 습득시키며, 작전 가능 비행훈련에서는 공중전투 수행능력을 숙달시키고, 전환 비행훈련에서는 새로운 항공기에 관한 지식과 비행능력을 배양한다.

④ 군사전문교육

전시·평시를 막론하고 군사전문가에게 가장 중요한 요소는 통솔력이다. 따라서, 군사전문교육은 공군 장교들이 유능한 지휘관 및 참모로서 발전하도록 계획, 추진되고 있다. 군사전문교육은 공군력을 어떻게 운용하는가 하는 지식을 향상하며, 군사학을 중심으로 하여 전략 및 전술적 작전요소의 이해를 증진하고, 민주사회에서의 군대의 업무에 대한 확고한 신념을 심어 준다.

⑤ 학술교육

공군의 학술교육은 대부분 군사학교교육에서 이루어진다. 공학·자연과학·사회과학·인문학 등의 전문적인 지식 탐구를 위하여 일부 요원은 국내외의 민간대학이나 기타 전문교육기관에서 위탁교육을 받기도 한다. 이러한 위탁교육은 민간과 군대 사회 간의 접촉이 활발하게 하며, 구성원들에게 건전한 사고방식과 창의력을 길러준다.

⑥ 정신전력교육

정신전력교육은 전투결과의 승패를 결정짓는 핵심교육이다. 장병과 지휘관이 단결하여 높은 사기와 필승의 신념으로 부여된 임무를 능동적이고 자발적으로 완수할 수 있게 하는 눈에 보이지 않는 무형의 전력이라 할 수 있다. 정신전력교육의 목표는 올바른 국가관과 민족관을 확립하고, 호국정신과 사명감으로 필승의 신념을 배양하는 데 있다. 정신전력은 장병들의 신념·사기·단결 등을 바탕으로 형성된다.

2
대한민국 공군의 병과

대한민국 공군은 항공작전을 주 임무로 하며, 원활한 항공작전을 위해 장교 병과와 부사관 병과로 세부적으로 구분되어있다.

장교 병과	전투병과	운항관제, 항공통제, 방공포병
	기술전문병과	기상, 정보통신, 항공무기정비, 보급수송, 공병, 재정, 인사교육, 공보정훈, 정보, 헌병
	특수병과	의무
부사관 병과	전투병과	항공통제, 방공포병
	행정병과	정보, 재정, 총무
	기술병과	기상, 정보통신, 항공무기정비, 보급수송, 시설
	특수병과	군악, 헌병, 항공의무

1. 장교 병과

• 전투병과

① 운항관제

관제시설 운영관리, 관제사 교육 및 훈련관리, 항공교통관제 안전관리업무 계획 수립 및 관리 감독 등의 업무를 한다.

② 항공통제

대한민국 작전구역 내에서 공중감시, 식별 및 무기운영 등 작전활동을 통해 방공작전의 핵심적인 역할을 수행한다.

③ 방공포병

방공유도탄포대의 작전통제 및 비행단 대공방어대의 항공기 및 탄도탄 방어작전, 훈련 계획 등의 역할을 수행한다.

• 기술전문병과

① 기상

일기도, 수치예보자료를 이용한 기상을 분석하고 항공작전 수행 부서 및 필요시 대외 부서의 기상을 지원하는 역할을 수행한다.

② 정보통신

통신체계 운영, 전산 S/W개발 및 유지보수·운영, 방공관제사령부

레이다 평가수검, 품질검사, 성능점검, 관리보고 등 정보통신장비 운영 관리 등의 업무를 수행한다.

③ 항공무기정비

항공기, 기관, 항전계통 등 부대·야전정비와 병력·시설·장비 유지관리 등 정비 관련 업무를 수행한다.

④ 보급수송

군수물자 소요판단, 획득, 저장 및 분배, 처리에 관한 모든 업무를 포함하여 군 임무 수행에 필요한 재화를 사용부대에 공급해주고, 필요한 인원, 장비 및 물자를 적시 적소에 이동시키는 수송계획 및 관리, 수송수단의 운용 수송 근무지원·장비·시설을 포함한 임무 등을 수행한다.

⑤ 공병

시설물, 설계, 측량, 건설, 건설장비 운영 및 시설물 유지보수와 지도감독을 하고, 화생방 분야 관리업무 등을 수행한다.

⑥ 재정

공군에서 진행되는 예산편성, 예산운영, 계약, 회계실무 등의 업무를 수행한다.

⑦ 인사교육

공군의 인사기획, 인사근무·복지, 인력·인사·교육관리 등의 업무를 수행한다.

⑧ 공보정훈

일일·주간 집중 정신전력 교육 운영과 특별 정신전력 교육 시행 등의 정훈 관련 업무를 수행하고, 공보업무, 문화홍보업무, 영상콘텐츠 제작 등의 업무를 수행한다.

⑨ 정보

최신 북한 군사/비군사 위협에 대한 정보지원과 지휘관 및 조종사 대상 정보브리핑/대북정보 제공, 군사보안 업무 감독/관리 등의 업무를 수행한다.

⑩ 군사경찰

기지경계 및 전력보호, 사고예방 및 수사활동, 군기강 확립, 각종 행사 지원, 경계기설 및 장비관리, 경계구역 순찰 및 점검, 각종 대테러 및 훈련 진행 등의 임무를 수행한다.

• 특수병과

의무

– 간호: 외래·입원환자 및 응급 간호업무, 항공의무후송 훈련 교육 등의 임무를 수행한다.

– 의무행정 : 원무행정 및 환자 관리, 의무부대 운영업무 수행 등의 임무를 수행한다.

2. 부사관 병과

- 전투병과

① 항공통제

공중감시와 항적식별, 조기경보 및 각종 전술 정보 접수와 전파를 담당하는 업무를 한다.

② 방공포병

단거리 대공 무기와 중/장거리의 유도무기를 운용하고 작전을 수행한다.

- 행정병과

① 정보

정보수집과 자료관리, 정보장비 기재분석과 군사 보안업무수행 등을 담당하는 일을 한다.

② 재정

부대 내 재정 및 관리회계 업무를 수행한다.

③ 총무

인사, 행정, 정훈, 복지 및 인쇄발간, 의장 행사 참가, 의장대원 교육훈련 등을 담당한다.

- 기술병과

① 기상

항공기상관측, 일기도 기재 분석 및 예보, 기상지원 및 장비 운용을 담당한다.

② 정보통신

통신장비와 전산장비 설치부터 운용, 정비까지 담당하는 역할을 한다.

③ 항공무기정비

항공기와 방공무기, 각종 무기체계 관련 지원 장비를 정비하고 관리하는 역할을 한다.

④ 보급수송

군수품을 관리하고 지원하며 차량 운전 및 정비 수송 업무를 감독하는 역할을 한다.

⑤ 시설

시설물 건설 및 유지보수, 항공 소방 및 화생방 업무를 지원하는 역할을 한다.

- 특수병과

① 군악

군악 및 각종 연주회 연주, 군악대원의 연습을 지도하는 역할을 한다.

② 군사경찰

군기단속 계획 수립 및 군기업무 추진, 영창 시설물 점검 및 관리, 출입통제 관련 시설물 관리 등의 임무를 수행한다.

③ 의무

환자를 치료, 간호, 후송하고 신체검사를 보조하고 의무행정 및 예방업무를 담당하는 역할을 한다.

3
대한민국 공군의 특수부대

대한민국 공군의 특수임무를 수행하는 부대로는 이동식 항공관제 임무를 수행하는 CCT공정통제자: Combat Control Team와 탐색구조 임무를 수행하는 SART항공구조사: Special Air force Rescue Team 가있다.

▌CCT(공정통제사)

> **"가장 먼저 들어가 가장 늦게 나온다(First there, last out)."**

공군 공정통제사는 기상, 풍향, 풍속 등의 정보를 아군 수송기에 알려주고 수송기가 목표 위치에 진입 시 고도와 방위각 등을 관제管制해주어 수송기가 원하는 위치로 안전하게 들어올 수 있도록 도와주는 임무를 수행한다. 쉽게 말해 적지에 관제시설 등이 제대로 갖춰지지 않은 곳에서뿐 아니라, 적지의 공항을 아군이 점령한 뒤라도 민간 관제사들이 당장 없으면 재빨리 투입되어 대신해서 임시로 관제를 해주는 임무도 가지고 있다.

공정통제사가 되기 위해서는 특별전형 항공관제공정통제사로 응시하여 최종합격 후 12주간의 공군 부사관후보생 기초군사훈련을 거쳐 임관한다. 임관 후 공군교육사령부 공군정보통신학교에 가서 16주 동안의 항공관제 교육을 수료하면 이후 자대에 가서 약 1년간의 공정통제사 기초교육 훈련을 받는다.

공정통제사 지원은 면접과 가점, 체력평가로 평가가 이루어진다. 면접30%에서는 국가관, 리더십, 품성, 표현력, 공군 핵심가치 등으로 면접이 이루어지고, 가산점14%은 자격증, 어학점수, 한국사능력검정 인증서로 평가된다. 체력평가56%는 5km 달리기, 윗몸일으키기, 팔굽혀펴기, 턱걸이로 평가한다.

지원자격 (다음 신체기준을 충족하는 사람)	- 신장/시력: 170cm 이상 / 나안시력 0.8 이상 - 항공종사자(공중근무자) 신체검사 3급 이상(軍 신체검사) ※ 우대기준 자격: 항공교통관제, 응급구조 등 자격보유자 어학: TOEIC 550 이상 차등 가점 부여

평가기준	평가항목: 신체검사(적/부), 면접(30%), 가점 (15%), 체력평가 (55%)	- 신체검사: 공중근무 Ⅲ급 적합/부적합 - 면접평가: 국가관, 리더십, 품성, 표현력, 핵심 가치, 지원동기 등 - 가점: 특기관련 필수자격, 임무수행관련 자격, 어학능력, 한국사능력검정 인증서
	체력평가 (차등 점수적용)	- 5km 달리기: 21~26분 - 윗몸일으키기(2분): 50~100개 - 팔굽혀펴기(2분): 50~100개, 턱걸이: 9~25개 - 수영평가(자유형, 평형, 잠영)

이외에도 공정통제사는 공군 생환 및 산악지형 극복훈련과 독도법 훈련뿐 아니라, 대한민국 육군 특전사의 공수기본, 강하조장JUMP MASTER, 낙포정비, 고공기본HALO, 고공정비사RIGGER, 해상척후조COMBAT DIVER, 산악전문RANGER, 대테러 교육CT, 해군 특수전전단의 UDT/SEAL 특수전 초급반 교육을 받는다. 공정통제사 교육훈련은 자체 교육보다는 타 부대에 가서 받는 위탁교육을 많이 받는데, 그 이유는 공정통제사가 워낙 극소규모 조직이라서 그 몇 안 되는 인원만을 위한 자체 훈련장과 교육 시설들을 새로 짓는 건 비효율적이기 때문이다. 따라서 타군이 이미 보유하고 있는 기존 시설들과 훈련과정들을 위탁교육을 활용하는 것이다.

SART(항공구조사)

"Any time, Any place, Saving a Life(언제 어디든 우리는 간다)!"

공군 특수부대의 소속으로 적 지역에 격추된 조종사나 주요 인문들을 구조하기 위해 존재하는 공군 특수작전 요원을 말한다. SART의 존재가 중요한 이유는 공군 조종사를 양성하는 과정을 이해하면 쉽다. 10년차 조종사 양성비용은 평균 약 60억원에 달한다. 조종사의 존재는 경제적 가치 이상이기 때문에 공군은 전투기가 추락하면 항공기보다 조종사의 안위부터 묻는다. 그 일환으로 편성된 부대가 바로 항공구조사다.

공군통제사가 되기 위해서는 특별전형 항공관제공정통제사로 응시하여 최종합격 후 12주간의 공군 부사관후보생 기초군사훈련을 거쳐 임관된다.

항공구조사가 되는 교육과정은 강하훈련, 잠수훈련, 해상구조 훈련, 빙벽구조 훈련, 탐색구조 훈련, 응급처치 훈련 등 약 2년 정도의 시간이 필요하다. 수료율 또한 절반 정도밖에 되지 않고, 항공구조사 과정을 수료한 뒤에도 특전사, UDT 등에서 교전 상황에 대비한 특수 훈련과 실전 훈련을 받는다. 이 때문에 실제 구조작전에 투입되기 위한 항공구조사 양성 기간은 약 7년 정도가 소요된다.

SART는 부대 특성상 부대장, 중대장을 제외한 전원이 부사관으로 구성된다. 전문성을 요하기 때문에 선발이 매우 까다롭고, 체력적인 면도 중요하지만, 수영능력도 있어야 한다.

지원자격	- 신장/시력: 170cm 이상 / 나안시력 0.7 이상 - 항공종사자(공중근무자) 신체검사 3급 이상(軍 신체검사) ※ 우대기준 자격: 항공교통관제, 응급구조 등 자격보유자 어학: TOEIC 550 이상 차등 가점 부여	
평가기준	평가항목: 체력평가(36%), 실기평가(54%), 면접(10%)	- 체력평가: 5KM달리기, 윗몸일으키기, 팔 굽혀 펴기, 턱걸이 - 실기평가: 자유형/평영(500M), 입영(5분), SKIN DIVING(5M), 잠영(30M), 응급처치(심폐소생술 실기 및 구술평가) - 면접: 국가관, 리더십, 품성, 표현력, 핵심가치, 지원동기 등 ※ 가산점: 30점(1급 응급구조사, TOEIC 800점 이상) 20점(2급 응급구조사, 잠수기사, TOEIC 700점~800점) 10점(잠수기능사, TOEIC 600점~700점, 공인무도 3단 이상, DIVE MASTER 이상 잠수자격, 수영 및 인명구조 강사)

CCT와 SART는 부사관으로 지원이 가능하며, 지원 시 특별전형으로 모집된다. 합격 후에도 훈련과정 중 포기하고, 귀가를 하는 경우가 있을 정도로 체력관리와 강인한 정신력을 요구하는 특수부대이다.

4
대한민국 공군의 주요 무기체계

대한민국 공군은 국가의 생존과 번영을 보장하는 것을 넘어, 세계평화와 질서유지에 일익을 담당하는 세계 속의 공군으로 힘찬 나래를 펼치고 있다. 신념과 용기로 창공을 향해 날개를 펼쳐온 우리의 선진정예 공군은 푸른 하늘을 넘어 저 먼 우주에서 새로운 역사를 쓰고 있다.

우주를 넘나들며 세기를 뛰어넘는 새로운 미래를 준비하고 있는 공군 주요 무기체계에 대해 알아보자.

공군의 주요무기체계로는 항공기, 항공무장, 방공무기로 나누어진다.

▎공군의 항공기

대한민국 공군의 항공기			
전투기	공중기동기	기동감시기	훈련기

① 공군의 전투기

기본임무가 공중전투공대공, 공대지, 공대함 포함 목적으로 제작, 개조된 항공기를 의미한다.

– F–35A Freedom Knight

대한민국 공군의 첫 5세대 전투기로 저피탐 형상설계 및 특수도료 사용으로 레이다 탐지를 최소화하는 스텔스레이더, 적외선 탐지기, 음향 탐지기 및 육안에 의한 탐지를 포함한 모든 탐지 기능에 대항하는 은폐 기술 기능을 보유한 전투기이다.

– F–15K Slam Eagle

미 공군 주력 전천후 전투기 F–15E를 기반으로 전투성능 및 생존성을 극대화하여 개발된 전투기로 장거리공대지비행중인 항공기에서 지상 표적을 향하여 사격하는 유도탄 유도탄을 운용한다.

– KF–16C/D Fighting Falcon

높은 기동성을 보유한 다목적 주력 전투기로 대함유도탄함정을 타격하는 유도탄과 대방사 유도탄적의 레이더에서 발사되는 전파신호를 따라 레이더에 접근하여 이를 파괴 무력화시키는 유도탄을 운용하며 동일계열 기종으로 F–16C/D, RF–16전술정찰기이 있다.

– FA–50 Golden Eagle

노후된 F–5E/F를 대체하기 위해 T–50 고등훈련기와 TA–50 전술

입문훈련기에서 파생되어 개발된 경공격기로 해외로 수출되어 실전에 투입된 사례가 있다.

– F-4E Phantom II

우수한 무장능력 및 탑재량을 보유한 다목적 전투기로 방공, 요격, 근접지원 등 다양한 임무 수행이 가능하며 주요무장으로 AGM-142 공대지 유도탄을 운용한다.

– F-5E/F Tiger II

미국의 우방국에게 판매된 저가의 고성능 경전투기로 40여 년간 영공방위 임무를 수행하고 있으며 동일계열 기종으로 KF-5E/F 제공호가 있다.

② 공군의 공중기동기

– KC-330 Cygnus

공중급유를 통해 아군기의 작전영역 확장이 가능한 다목적 공중급유기로 긴 항속거리 및 수송능력으로 재외국민 구조활동, 국제평화유지활동 등 임무수행도 가능하다.

– C-130J Super Hercules

C-130J는 세계 60여개국 이상에서 사용되고 있는 대표적인 전술수송기 C-130 계열의 최신 성능개량 기종이며 동일계열 기종으로

C-130H도 운용하고 있다.

- CN-235 100M/220M Super Trooper

CN-235는 뛰어난 단거리 이착륙 성능과 비포장 활주로 운용능력을 보유한 다목적 수송기로 공군이 운용 중인 항공기는 조명탄 투하능력을 보유하고 있다.

- CH-47D Chinook

대형 수송헬기로 기내 및 외부 후크를 이용해 대형화물 운반이 가능하다. 동일계열 기종으로 HH-47D 탐색구조헬기를 운용하고 있다.

- HH-60P Black Hawk

UH-60 헬기를 기반으로 조종사 구조 목적으로 운용하기 위해 전방관측 적외선장비 물체가 방사하는 적외선을 검출하여 그 온도 분포를 영상화하는 장치 등 전투탐색구조에 필요한 장비를 장착하였다.

③ 공군의 기동감시기

- E-737 Peace Eye

첨단 공중조기경보통제기로 E-737은 공중 목표를 탐지, 분석하고 아군의 항공관제 및 지휘를 수행하여 다양한 위협에 효과적 대응이 가능하다.

- KA-1웅비

KT-1을 기본 형상으로 개발한 전술통제기로 전술통제임무를 효과적으로 수행할 수 있도록 개량되었으며 2.75" 로켓과 7.62mm Gun을 탑재하고 있다.

④ 공군의 훈련기

- T-50

한국항공우주산업주와 록히드마틴이 공동개발한 초음속 항공기로 기동성과 안정성이 우수한 고등훈련기이며 파생형으로 전술입문훈련기 TA-50과 경공격기 FA-50, 공중곡예기 T-50B가 있다.

- KT-1

국방과학연구소와 한국항공우주산업주가 개발한 항공기로 조종사 기본훈련기로 운영되고 있으며 우수한 비행성능, 안전성과 운영 효율성이 입증되어 해외로 수출되고 있다.

- KT-100

대한민국 최초의 4인승 민간항공기인 KC-100을 군 훈련기준에 맞도록 개조한 입문훈련기로 KT-100 도입으로 한국공군의 모든 비행훈련은 국산 항공기로 시행되고 있다.

▌공군의 항공무장

대한민국 공군의 항공무장		
공대공 유도탄	공대지 유도탄	정밀유도폭탄

①공대공 유도탄

비행 중인 항공기에서 공중 표적에 대하여 사격하는 유도탄. 적의 항공기 등을 격파 또는 무력화하기 위하여 항공기에 탑재하여 적의 항공기 등을 향해 발사한다.

- AIM-120C7 AMRAAM

가시거리 밖 표적 공격이 가능한 중거리공대공 유도탄으로 단일/다중표적에 대한 연속 발사 및 최종단계에서 자동 목표추적이 가능하다.

- AIM-9X Block-Ⅱ Sidewinder

신속한 기동성을 보유한 단거리공대공 유도탄으로 헬멧장착 조준장치조종사 헬멧에 장착된 표적 조준장치 또는 시스템와 연동되어 조종사의 시선을 따라 전방 및 후방135° 의 표적 공격이 가능하다.

②공대지 유도탄

비행 중인 항공기에서 지상 표적을 향하여 사격하는 유도탄. 적의 각종 지상 목표나 함정 등을 격파 또는 무력화하기 위하여 항공기에서 발사한다.

– TAURUS KEPD 350K

지형대조항법 및 저고도 순항을 통해 위협지역 회피가 가능하며 입력된 표적자료와 IIR 탐지기가 획득한 영상자료를 대조하여 표적을 자동탐지/식별 및 공격한다.

– AGM-84H SLAM-ER

최종단계에서 조종사가 표적 영상을 보며 명중시까지 유도탄을 조종하여 육지/해상의 고정표적과 운항 중인 함정까지 정밀하게 공격한다.

③정밀유도폭탄

최첨단 항법 기술이 적용되어 정확도가 높은 유도 폭탄으로 최근의 유도탄은 정밀 항법 기술의 발전에 따라 위치, 속도, 각도 등을 정확히 측정해 목표 건물의 창문 안으로 유도될 수 있을 정도로 정밀하게 발전되어 있다.

– GBU-31 V3 JDAM

기상조건에 관계없이 사전 입력된 표적 좌표에 따라 유도되어 지상 및 지하의 견고화 표적 타격이 가능한 주·야간, 전천후 정밀유도폭탄이다.

– KGGB orean GPS Guided Bomb

사거리 연장 및 유도기능을 추가한 전천후 정밀유도폭탄으로 적의 방공망 위협 밖에서 투하 후 자체 유도항법 방식으로 설정된 경로를 따라 활강하여 원거리 공격이 가능하다.

– GBU–24A/B Paveway III

항공기 또는 지상병력에 의해 레이저 조사기로 표적을 조사하고, 투하된 폭탄은 표적에서 반사된 레이저 반사파를 추적하여 목표까지 정밀유도가 가능하다.

▌공군의 방공무기

대기권 내에 적의 유도탄 및 공격하는 모든 항공기를 파괴 또는 무력화하거나 공격 효과를 감소시키기 위하여 사용되는 제반 무기이다.

① **페트리어트** Patriot PAC–3

중·장거리 항공기를 요격하는 나이키 무기체계를 대체하기 위하여 도입한 장비로 PAC–3로 성능개량을 통해 적 항공기 및 탄도탄에 대한 요격능력이 향상되었다.

② **천궁**

호크를 대체할 목적으로 국방과학연구소에서 국내 연구 개발한 중거리 유도무기 체계로 적 전투기나 폭격기를 요격하는 대공유도무기이다.

③ **호크** Hawk

저고도 및 중고도로 침투하는 적의 항공기 및 유도탄을 무력화시키는 중거리 지대공 유도무기로 1953년 미국에서 개발되었으며 우리나라에는 1964년에 도입하였다.

④ **신궁**

국방과학연구소와 LIG 넥스원 등 국내 방산업체와 함께 국내 연구개발한 단거리 무기체계로서 한국군 체형에 맞도록 작고 가볍게 설계한 휴대용 대공유도무기이다.

⑤ **발칸** VULCAN M167

적기의 저고도 침투에 대비하여 대공방어가 가능하도록 개발된 단거리 방공무기이다.

⑥ **그린파인레이다**

탄도탄 조기경보를 위해 이스라엘에서 개발된 탄도탄 감시레이다로 우리나라는 2012년 도입하여 운용 중에 있다.

6장

대한민국 해병대
(Republic of Korea Marine Corps)

1
대한민국 해병대의 목표와 교육훈련

삼면이 바다인 우리나라의 지리적 여건과 여·순사건1948년 10월 19일 여수·순천 지역에서 일어난 국방경비대 군인들의 반란과 여기에 호응한 좌익계열 시민들의 봉기가 유혈 진압된 사건의 전훈에 따라 상륙작전을 수행할 부대의 필요성이 대두되어 1949년 4월 15일 진해 덕산비행장에서 상륙작전을 주 임무로 하는 해병대가 창설되었다. 이어서 1949년 5월 5일 대통령령 제88호로 해병대령이 공포되었다. 당시 해군에서 편입한 장교 26명과 부사관 54명, 병 300명 등으로 구성되어 초대 사령관 신현준 중령 지휘 아래 온갖 고난과 역경을 헤쳐 나가면서 '무에서 유를 창조한다'는 해병대 정신으로 해병대의 굳건한 초석을 다지기 시작하였다.

해병대는 함정, 주정 또는 항공기에 탑승한 해군과 상륙군이 해양을 통하여 적의 해안에 군사력을 투사하는 공격작전인 상륙작전을 주 임무로 하고 있다.

해병의 긍지

나는 국가전략기동부대 일원으로서 선봉군임을 자랑한다.

하나. 나는 찬란한 해병대 정신을 이어받은 무적해병이다.

둘. 나는 불가능을 모르는 전천후 해병이다.

셋. 나는 책임을 완수하는 충성스런 해병이다.

넷. 나는 국민에게 신뢰받는 정예 해병이다.

다섯. 나는 한번 해병이면 영원한 해병이다.

▌대한민국 해병대의 교육훈련

해병대의 교육훈련은 'The더 Strong강하고 Special특별하고 Noble고귀한' 해병 프로젝트에 따라 이뤄진다. 따라서 모든 양성 및 보수과정 교육생은 적과 싸워 이길 수 있는 강한 해병대 기질 배양이라는 해병 프로젝트 아래 시행되며 프로젝트는 다음과 같다.

① 양성과정

민간인을 군인화하는 교육으로서 입대 장병을 군대 규율에 익숙하게 하고, 군인 기본자세 확립과 투철한 군인정신 및 건전한 민주시민 의식을 함양하며, 강인한 체력과 불굴의 투지력 배양, 기초전투기술을 습득시켜 임무수행에 필요한 잠재능력과 기본소양을 갖추는 데 중점을 둔다.

해병대 양성과정은 해병대 정신이 신념화되고 군인으로서 기본소양을 함양한 정예 해병대를 육성한다는 교육목표로 해병대 정신 신념화 및 군 기본자세 확립, 강인한 전투체력 배양, 기본전투기술 숙달에 중점을 두고 진행된다. 사관후보생장교과 부사관후보생은 11주, 신병은 7주의 양성과정을 통해 진정한 해병으로 태어난다. 양성과정을 모두 수료한 뒤 오른쪽 가슴에 붉은 명찰을 달 수 있을 때 비로소 해병대의 일원이 되었음을 인정받게 된다. 그만큼 붉은 명찰은 해병대 장병들에게 단순히 자신의 이름을 나타내는 표식물이 아니라 '해병대'에 소속된 한 일원으로 책임과 임무를 다하라는 명령인 동시에 징표인 것이다. 해병대의 붉은 명찰의 진홍색은 '피'와 '정열', '용기', '신의' 그리고 '약동하는 젊음'을 조국에 바친 해병대의 전통을 상징하며, 황색은 해병대는 신성하며, 해병은 언제나 예의 바르고 명랑하며 활기차고, 땀과 인내의 결정체임을 의미한다. 또한, 붉은 명찰과 함께 해병대의 상징으로는 팔각모

The 더	현재에 만족하지 않고 더 진취적인 해병 - 영어 "the" → '특출난', '으뜸가는', '두드러진'의 의미 - 한글 "더" → '그 위에 보태어', '기준 이상'의 의미
Strong 강한	정신력, 체력, 전투력이 가장 강한 해병 - 진한 땀, 고된 훈련으로 개인 한계점·극한 상황을 극복
Special 특별한	해병대 정신과 기질이 충만한 특별한 해병 - 해병대 이름으로 하나되는 결속력, 다양한 전장을 주도할 수 있는 용맹한 승부사적 능력 배양
Elite 정예	적과 싸우면 반드시 이기는 정예 해병 - 패배를 모르는 전투프로, 고도의 능력을 갖춘 국가전략기동부대
Noble 고귀한	국가와 국민이 신뢰하는 고귀한 해병 - 해병대 정신/DNA 신념화, 국민을 위해 헌신하고 기꺼이 희생을 감내

가 있다. 팔각모는 신라시대 전 신라인의 정신이기도 하였던 화랑도 정신인 오계五戒와 세 가지 금기禁忌를 포함하며 팔계八戒의 뜻을 가지고 있다.

② 보수과정

계급과 직책에 상응하여 임무수행 능력을 부여하는 교육으로서 해당 병과 및 특기에 대한 기초 및 전문지식을 습득하게 하고, 정신전력지도, 지휘통솔 및 부대관리 능력을 배양하는 데 중점을 둔다.

사관후보생장교과 부사관후보생은 11주의 양성과정을 수료하면 상륙전 초군반장교, 상륙전 초급반부사관 과정을 4주 동안 실시한다. 상륙전 초군초급반에서는 해병대 초급간부로서 상륙작전 개념과 수행단계를 이

	최종상태	실천과제
정신전력	해병대 정신 충만	- 해병대 정신/DNA 신념화 - 국민을 위해 헌신/희생 - 전우애 실천
전투사격	전장상황 하 조건반사적 사격 능력	- 전투사격 - 화생방전하 사격 - 분대(팀) 방향전환/기동간 사격
전투체력	극한 상황 극복 가능한 강인한 체력	- 상륙군 전투하중 극복 - 탄약 재보급/환자 후송 - 개인 한계점 극복, 지구력·순발력 단련
생존술	나와 전우를 구하는 생존술	- 화생방 개인 장비·물자 숙달 - 전투수영/이함훈련 - 구급법(심폐소생술, AED 응급처치 키트 사용법 숙달)

해하는 것에 교육목표를 두고 진행된다. 이후 본인이 해당하는 병과에 따라 전문교육을 받으며, 병과 전문교육은 14주에서 15주간 교육을 받는다.

신병 또한, 양성과정을 수료하면 후반기 교육으로 정해진 병과별로 교육을 받는다.

2
대한민국 해병대의 병과

보편적으로 규모가 작은 국가의 해병대는 보병부대로만 편성하고, 나머지 장비는 육해공군으로부터 지원받지만, 미국 해병대나 대한민국 해병대와 같이 규모가 있는 해병대는 자체적인 기갑, 포병, 공병, 항공대 등을 보유 및 운용하기도 한다. 대한민국 해병대는 상륙작전을 주 임무로 하며, 약 2만9천 명의 병력으로 자체적인 병과로 구분되어있다. 또한, 타 군과 다르게 장교, 부사관, 병의 병과가 따로 구분되어있지 않다.

① 보병

상륙전 및 지상작전의 근접전투, 수색, 정찰, 침투, 경계 등 다양한 업무를 수행한다. 또한, 모든 병과의 기능을 통합, 협조하는 업무까지 수행한다. 해병대 특성상 부대별 주특기 훈련을 통한 전문지식을 습득하는데, 공수, 상륙기습특공IBS, 유격 등으로 구성된다.

해병대의 특수부대인 해병대 특수수색대는 보병에서 지원이 가능하며 스쿠버, 수영, 스키, 고공강하 등 다양한 교육을 받는다.

② 포병

전장의 꽃인 포병병과는 대포, 로켓, 유도탄 등으로 적의 전투력 파괴, 무력화와 아군 기동 지원의 업무를 수행한다. 화력 통합운영을 통한 화력전투를 수행한다. 전투부대가 승리할 수 있도록 대포·대공포·유도탄·로켓 등의 화력 수단으로 적을 제압하고 보병이나 기갑부대의 기동력을 높이는 역할을 주 임무로 하는 전투병과이다.

③ 기갑

전차를 운용하여 보병의 화력과 상륙작전을 지원하며, 장갑으로 보호된 직사화기로 지원하는 병과이다. 기갑은 지상전력에서 기동전을 구사하는 병과로서, 아군을 단단한 장갑으로 보호하며, 적을 직사화기로 공격해서 섬멸하는 것이 주된 임무로 하는 전투병과이다.

④ 공병

공병의 중요 임무는 군이 사용하는 도로의 확보, 가교 부설, 도로의 구축과 보수, 그리고 상륙작전에서는 상륙용 주정舟艇을 이용하여 부대를 상륙하도록 하는 일 등이다. 공병은 기술병과와 전투병과의 성격을 겸하고 있어서 견고한 진지의 공격 때에는 화염방사기나 폭파 등의 특수한 방법으로 장애물·토치카를 파괴하여 아군의 공격을 용이하게 하기도 한다.

⑤ 정보통신

적과 아군의 정보를 빠르게 파악하고 아군에게 전달하는 역할을 하는 병과이다. 네트워크 같은 체계운용을 통해 지휘통계 및 정보를 신속하게 전파하고 첨단 정보기술의 군사적 활용을 위한 주도적 역할을 수행한다.

⑥ 병기

해병대 전투력의 핵심인 최첨단 무기체계, 해병대 고유 무기체계상륙돌격장갑차와 탄약, 화생방 장비를 확보, 관리, 유지하는 기술전문 지원업무를 수행한다.

⑦ 수송

수송병과는 작전부대의 신속한 전투력 투사 보장과 전쟁지속능력 보장을 위해 육로·철도·해상·항공 등 제반 수단을 이용해 인원 및 장비, 물자 등에 대한 수송지원을 담당한다. 또한 운전병 양성과 수송부대 안전을 진단하는 임무도 수행한다.

⑧ 보급

보급병과는 군수품 소요판단, 조달, 저장, 분배 및 처리 업무를 수행하며, 급식, 유류, 피복, 일반물자 지원 및 근무지원 임무를 수행한다. 경영학, 경제학, 물류시스템 등 전공관련 지식 업무 활용도가 높은 병과이다.

⑨ 헌병

헌병병과는 상륙전자 및 지상작전의 기동, 이동지원, 경호, 경비, 포로·수용자 관리, 치안유지, 헌병정보 지원 등 다양한 업무와 병과 특성상 군 사법경찰관의 임무를 수행한다.

⑩ 재정

재정병과는 해병대 예산의 운영 및 집행, 회계관리 업무와 재무, 세무, 원가회계 관련 임무를 담당한다. 예산회계와 재무회계를 함께 수행하여 회계전문가로 발전할 수 있는 병과이다.

⑪ 정훈

정훈병과는 정훈교육, 문화홍보, 공보활동 등을 주 임무로 사진, VTR 제작, 대민홍보를 위한 문화행사, 홍보활동 임무를 수행한다. 문화홍보와 공보활동을 통해 신문방송, 홍보 업무능력을 습득할 수 있는 병과이다.

⑫ 항공

해병대 항공병과는 2021년 12월 48년 만에 항공부대가 부활하였다. 해병대 항공병과는 전시 상륙작전 임무 투입은 물론 국가전략도서 방어, 신속대응작전, 재해 재난지원 등 다양한 작전에서 임무를 수행한다.

3
대한민국 해병대의 역사적인 작전

대한민국 해병대는 창설 이후 다양한 작전을 수행했는데, 그중에서 해병대 7대 작전이 있다.

해병대는 6·25전쟁이 막바지로 치닫던 1953년 3월, 해병대의 명예를 드높인 주요 전투를 역사에 길이 기리고자 해병대 5대 작전(통영상륙작전, 경인지구작전, 도솔산지구전투, 김일성/모택동고지전투, 양도작전)을 선정하였다. 베트남에서 개선한 1973년 7월에는 '신화를 남긴 해병대'라는 신조어를 탄생시킨 짜빈동작전을 추가하여 6대 작전으로 변경하였다. 1990년대 들어서는 참전 원로들이 오늘날 판문점 일대를 끝까지 지켜낸 장단(사천강)지구에 대한 재고찰을 요구함에 따라 역대 해병대사령관 회의 및 현역과 예비역의 공청회 등을 거쳐, 2002년 4월 8일, 장단(사천강)지구전투도 주요 작전에 포함 시키기로 의결하고, 해병대 7대 작전으로 변경하여 오늘날에 이르고 있다.

주요 작전 선정기준

1. 아군 전세 전환, 전승의 계기에 기여한 전투
2. 심리적 차원으로 국민을 고무할 수 있는 전투
3. 해병대 역사와 전통 수립에 귀감이 될 수 있는 전투
4. 해병대 특징적 전투, 혁혁한 전과 획득한 전투
5. 고려요소: 규모, 작전 의의, 기여도, 상훈 등

① **통영상륙작전**1950.8.17.~1950.9.20.

낙동강 방어선 작전 간 적북한 제7사단이 전략요충지 마산과 진해를 해상에서 봉쇄하기 위해 통영에 침입하자, 해병대 김성은 부대는 1950년 8월 17일 한국군 최초 단독 상륙작전을 감행하여 2일 만에 통영을 탈환한 뒤, 적북한의 유일한 공격로인 원문고개에서 적 대대의 집요한 공격을 격퇴함으로써 낙동강 방어선의 서측방 위협을 완전히 제거하였고, '귀신 잡는 해병대'의 전통을 수립한 작전이다.

② **경인지구작전**1950.9.15.~1950.10.8.

인천상륙작전은 1950년 9월 15일 유엔 제7 합동상륙기동부대가 261척의 대함대를 동원하여 미 해병대 1사단과 한국 해병대가 주축이 되어 적북한 인천경비여단, 제18, 31사단을 격파하고 해안 교두보를 확보한 후, 수도 서울 탈환작전을 감행함으로써 낙동강 전선으로부터 총반격 작전을 성공할 수 있는 계기를 마련하였고, 북진의 혈로를 개척하

여 한국전쟁의 전세를 역전시킨 작전이다.

③ **도솔산지구작전**1951.6.4.~1951.6.20.

1951년 6월 4일 한국 해병대 제1연대가 양구군 해안면의 전략요충지 도솔산1148고지을 확보하기 위하여 결사적인 돌격작전을 감행하는 등, 난공불락의 진지를 혈전 17일 동안 피와 땀으로 얼룩진 끈질긴 공격 끝에 6월 20일 적 2개 사단을 격퇴하고 24개 목표를 점령함으로써 교착상태에 빠졌던 중동부 전선의 활로를 개척할 수 있었다. 이 전투의 승리로 이승만 대통령이 도솔산을 방문하여 '무적 해병대'라 칭하면서, '무적 해병' 휘호를 하사하였고, 1951년 8월 19일 제1연대에 대통령 부대표창을 수여하였다.

④ **김일성/모택동 고지 작전**1951.8.31.~1951.9.3.

해병대 제1연대가 1951년 8월 31일 펀치볼 작전의 1단계 작전인 김일성고지924고지 및 모택동 고지1026고지 전투에서 천문학적 숫자의 지뢰가 매설된 장애물을 극복하고, 4일 동안 뺏고 빼앗기는 혈전 끝에 강원도 양구지역 김일성고지 및 모택동고지현재 을지전망대를 탈취하였다. 작전결과 적북한 1사단을 격퇴함으로써 펀치볼 일대를 조기에 확보하여 이승만 대통령이 '신인神人이 경탄할 공훈'이라고 격찬하였다.

⑤ **양도 작전**1951.8.28.~1953.7.27.

해병대 독립 제43중대가 1951년 8월 28일 함경북도 명천 전방 해상의 양도에 상륙하여 해안 봉쇄선을 연장하고 적의 후방을 위협하는 동시에 첩보수집 및 유엔군 해군활동을 보장하는 전략도서 확보작전을 수행하였다. 1952년 2월 20일 야간, 적북한 제63연대 1개 대대가 양도에 상륙하여 해병대를 공격하였을 때 해병대 독립 제43중대가 적을 유인하면서 화력과 육박전 그리고 연합해군 구축함의 지원사격으로 적 대대를 격멸시킨 작전이다.

⑥ **장단지구 작전**1952.3.17.~1953.7.27.

중동부 전선으로부터 서부전선장단지구 사천강으로 투입된 해병대 제1전투단은 1952년 3월 17일부터 1953년 휴전 시까지 약 1년 4개월 동안 판문점에서 사천강을 따라 임진강 하구에 이르는 주 저항선 전방의 8개 전초진지에서 적 감제하의 불리한 지형임에도 불구하고 중공군 2개 사단제194, 195의 네 차례 대규모 공세를 저지 격퇴하고 군사분계선을 아군에 유리하게 확정 짓도록 하였고, 수도 서울의 관문인 개성-문산선을 지켜 수도권 방어에 기여함으로써 대통령으로부터 부대표창과 신익희 민의원 의장으로부터 감사장을 받았다.

⑦ **짜빈동 작전**1967.2.14.~1967.2.15.

청룡부대 제3대대 11중대가 1967년 2월 14일 23시 20분 짜빈동에서 월맹 정규군 제2사단 1연대와 21연대로부터 인해전술의 기습공격을 받아 진내 육박전, 지원화기의 효율적 운영 및 과감한 역습부대의 공격으로 4시간의 사투 끝에 적의 공격243명 사살을 격퇴하였다.

이 작전을 통하여 '신화를 남긴 해병대'라는 빛나는 전통을 수립하였다. 작전 결과 한·미 대통령 부대표창 수상, 전 중대원 1계급 특진장교 제외, 태극무공훈장중·소대장 등의 영예를 얻었다.

4
대한민국 해병대의 주요무기체계

대한민국 해병대는 해상에서 육지로 전력을 전개하기 위한 목적으로 출발하였으나, 현재는 헬기와 수송기를 통한 공중 기동도 가능해지면서 육해공의 입체적인 상륙작전인 초수평선상륙작전해안가의 적 진지에서 보이지 않는 수평선 너머에 상륙함이 위치하고 있다가 일시에 해군과 해병대 전력을 빠르게 해안으로 이동시키는 상륙작전 개념이 도입되었고, 이런 입체적인 작전이 가능토록 편성되고 훈련되고 있다. 서북 도서와 김포·강화의 전선 지역으로부터, 포항과 제주도에 이르기까지 국가안보의 핵심지역을 방위하고, 군사적 비군사적 위협에 대비하여 다양한 임무 수행이 가능하도록 준비하고 있는 대한민국 해병대 주요 무기체계에 대해 알아보자.

① **고무보트**IBS- Inflatable Boat Small

상륙 기습작전이나 도하작전 시의 은밀 침투·해상정찰·인원 장비 수송을 목적으로 운용하는 소형고무보트를 가리킨다. 공기를 사용해서 부력을 발생시키기 때문에 작고 가벼우며, 내구력도 높다. IBS는 상륙작전 시 6~12명이 팀을 이뤄 탑승하는데, IBS훈련은 해양성을 높이고 협동심·생존능력을 배양하기 위해 실제 해상에서 팀 단위로 펼쳐진다. 즉, 상륙기습작전 및 도하작전시 은밀 침투, 고속접안, 해상정찰, 인원·장비수송을 목적으로 운용된다.

② **고속단정**RIB- Rigid Inflatable Boat

RIB 고속단정은 IBS보다 방향유지 및 속도, 항속거리 등의 성능이 향상된 장비로 주로 국지도발적이 일정 지역에서 특정 목적을 위해 우리 국민과 재산 또는 영역에 가하는 일체의 위해 행위 작전에 운용하며 상륙 기습작전을 목적으로 운용하는 장비이다.

③ **상륙돌격장갑차**KAAV-Korea Amphibious Assault Vehicle Command

해병대 상륙작전 및 지상작전 간 지휘관, 참모, 통신 요원이 탑승하여 이동 지휘소로 운용되는 KAAV는 한국형 상륙 돌격 장갑차로 육·해상 기동 및 생존성을 보유한 장비로 1998년 생산되어 현재까지 상륙 및 육상 작전을 수행하고 있으며, 대한민국 해병대의 핵심상륙전력으로 운용되고 있다.

④ **차기 상륙돌격장갑차**AAAV-AdvancedAmphibiousAssaultVehicle

해병대 상륙돌격 간 함안 이동수단으로, 지상전투 간 전투 장갑차로 운영되며, 현대적 상륙작전 개념 구현을 위해 적 위협 도달거리 밖의 원거리에서 발진, 고속으로 목표까지 기동할 수 있도록 해상기동속도가 증대되고 지상전투 간 탑승전투가 가능하며 화력 및 방호력이 더욱 향상된 상륙돌격장갑차이다.

⑤ 차기 비치매트

상륙작전시 상륙 해안에 대한 통로를 개척하여 상륙군 부대의 신속한 기동으로 상륙작전의 성공을 보장토록 하고, 기동 간 습지 지역 봉착 및 신속한 설치, 회수 및 재설치를 통하여 고속 종심공간, 시간 및 자원상의 작전범위 기동을 보장하며, 차량에 탑재하여 기계식 설치 및 회수와 이동이 용이하게 운용되고 있다.

⑥ 상륙기동헬기MUH-1

상륙작전 간 적 주요 위협요소를 극복하고 현대적 상륙작전 개념 구현을 위해 특수부대 침투, 복귀용, 상륙 돌격헬기돌격용, 전투근무지원용 등으로 운용하고, 국지도발 대비 작전 지원전력으로도 운용하며, 필요하면 긴급환자 수송, 산불 진화 등 대민지원전력으로 운용되고 있다.

⑦ K1E1 전차

K1A2 전차를 성능개량 시에 적용되었던 품목을 K1 전차에 적용하여 운용성을 향상한 K1E1 전차가 등장했다. 기존 K1 전차가 노후화되면서 정비 단가가 상승했고, K1A2 수준의 성능 개선이 요구됨에 따라 또 한 번의 성능개량 사업이 이루어진 것이다. K1E1 전차는 K1 전차에 합동지휘통제체계와 피아식별장치, 전후방 감시카메라와 항법장치, 조종수 야간잠망경이 추가된 전차이다.

⑧ K-9 자주포

K-9 자주포는 육군 주요무기체계에서 소개된 K-9 자주포와 동일하다. 서북 도서와 김포, 강화의 전선 지역으로부터, 포항과 제주도에 이르기까지 국가안보의 핵심지역을 방위하는 해병대에서는 포병대대에서 주요 무기로 운용되고 있다.

⑨ 스파이크

대한민국 해병대는 2010년 북한의 연평도 포격 사건 이후 북한군 해안포 제거용으로 스파이크 대전차 유도미사일을 도입하게 되었다. 해병대는 도서 지역 환경을 고려하여 차량 발사 식으로 도입을 추진해 전용 차량까지 별도로 개발했고, 해상작전용 헬기인 AW-159 와일드 캣Wild Cat에 헬기 발사식 스파이크-ER를 도입하여 대함유도 미사일로 운용하고 있다.

⑩ 천무차기 다연장 로켓포

차기 다연장 로켓포는 지난 2011년 국민공모를 통해 '천무'라는 이름을 갖게 되었으며, '다연장 로켓포탄으로 하늘을 뒤덮는다'라는 의미를 지니고 있다. 천무는 구룡보다 사거리를 2배 이상으로 늘려 북한의 장사정포 사정권 밖에서 아군의 피해 없이, 공격 원점 및 종심 타격이 가능한 장점을 갖고 있다. 단발 또는 연속으로 12발의 로켓포탄을 쏠 수 있고, 최대사거리는 80km다.

부록

더 알아보기

1

직업군인의 계급별 정년

정년제란 정규직원이 일정한 연령이나 정해진 근무 기간에 도달하면 직장에서 자동으로 퇴직시키는 제도를 말한다. 정년퇴직에는 미리 정해진 특정 연령에 도달하면 퇴직하게 하는 연령정년 제도, 일정한 근무 기간이 지나면 퇴직시키는 근속정년 제도, 그리고 일정 기간 승진하지 못하고 동일 직급에 머물 경우 퇴직시키는 계급정년 제도 등이 있다.

직업군인의 계급별 정년은 '군인사법 제8조 현역정년'에 명확하게 규정되어있으며, 현역의 정년은 크게 3가지로 연령정년, 근속정년, 계급정년으로 나눌 수 있다.

연령정년		근속정년	계급정년
대장	63세		없음
중장	61세		
소장	59세		4년
준장	58세		6년
대령	56세	35년	6년

중령	53세	32년	없음
소령	45세	24년	
대위/중위/소위	43세	15년	
준위	55세	32년	
원사	55세	없음	
상사	53세		
중사	45세		
하사	40세		

연령정년

공무원이 일정한 연령에 도달하면 당연히 퇴직하게 되는 인사제도이다. 우리나라 공무원의 경우 계급에 따라 60세 전후로 정년연령을 정하고 있다. 그러나 앞으로 이러한 연령정년제는 사회적 상황에 따라 탄력적으로 운영될 수 있다. 연령정년은 다음과 같다.

구분		계급	나이
부사관		하사	40세
		중사	45세
		상사	53세
		원사	55세
준사관		준위	55세
장교	위관장교	소위, 중위, 대위	43세
	영관장교	소령	45세
		중령	53세
		대령	56세

장성	준장	58세
	소장	59세
	중장	61세
	대장	63세

근속정년

근속정년이란 공직에 들어간 후 일정한 기간이 지난 공무원을 자동으로 퇴직→면직시키는 제도이다. 근속 정년제는 공무원이 승진하고 능력발전→능력개발을 하더라도 장기간 공직에 근무하였다면 강제 퇴직하는 것이므로 젊고 유능한 인재를 확보하기 위한 목적이 크다. 그러므로 이 제도는 패기와 참신한 인재를 필요로 하는 군대조직에서 효과적이다.

구분		계급	기간
준사관		준위	32년
장교	위관장교	소위, 중위, 대위	15년
	영관장교	소령	24년
		중령	32년
		대령	35년

계급정년

계급정년이란 공무원이 일정한 기간 승진하지 못하고 동일한 계급에 머물러 있고, 해당 기간이 만료된 때에 자동으로 퇴직시키는 제도이다. 우리나라의 경우, 계급 정년제는 주로 군인과 경찰 공무원에게 적용해

왔으나 앞으로는 일반직 공무원에게도 적용시킬 것을 검토하고 있다. 참고로 우리나라 직업군인의 계급정년은 장성, 그중에서도 준장, 소장, 준장 계급에만 존재한다.

계급	기간
중장	4년
소장	6년
준장	6년

경찰·소방 공무원 등 타 공무원과 정년을 비교하면 군인이 불리한 면이 있다. 하지만 직업군인은 장학금제도대학교, 대학원와 국가자격증 시험응시 등 현역군인들에게 부여되는 다양한 혜택을 이용해 군 전역 후에도 제2의 인생을 준비하는 경우가 많고, 군 경력을 활용해 군 관련 학과 교수, 예비군 지휘관동대장, 창업, 귀농, 기업 임원 등 다양한 분야로 진출할 수 있는 기회가 주어진다. 또한, 군인연금제도는 군인들이 열악한 여건을 감내하면서 전역 후 생활에 대한 걱정 없이 군 복무에 전념할 수 있게 하는 매우 중요한 보상 기능을 수행하고 있다.

2
직업군인의 급여

급여란 넓은 의미에 있어서는 공무원이나 근로자에게 근무의 대가로 주는 봉급이다. 급여에 대해 알아보기 전 '보수', '봉급', '수당'의 의미를 알아보자.

▌보수

보수 = 봉급 + 각종수당(상여수당, 가계보전수당, 초과근무 수당 등)

▌봉급

'봉급'이란 직무의 곤란성과 책임의 정도에 따라 직책별로 지급되는 기본급여 또는 직무의 곤란성과 책임의 정도 및 재직기간 등에 따라 계급별·호봉각 계급 내의 봉급단계. 즉, 등급에 따른 보수의 폭을 여러 단계로 나눈 것별로 지급되는 기본급여를 의미한다.

【부사관 봉급】 〈2022.1.4.기준〉

호봉 \ 계급	원사	상사	중사	하사
1	3,210,800	2,220,700	1,791,100	1,705,400
2	3,313,400	2,319,200	1,883,200	1,734,600
3	3,416,000	2,417,700	1,975,300	1,763,800
4	3,518,600	2,516,200	2,067,400	1,793,000
5	3,621,200	2,614,700	2,159,500	1,822,200
6	3,723,800	2,713,200	2,251,600	1,851,400
7	3,826,400	2,811,700	2,343,700	1,880,600
8	3,929,000	2,910,200	2,435,800	1,909,800
9	4,031,600	3,008,700	2,527,900	1,939,000
10	4,134,200	3,107,200	2,620,000	1,968,200
11	4,236,800	3,205,700	2,712,100	
12	4,339,400	3,304,200	2,804,200	
13	4,442,000	3,402,700	2,896,300	
14	4,544,600	3,501,200	2,988,400	
15	4,647,200	3,599,700	3,080,500	
16		3,698,200	3,172,600	
17		3,796,700	3,264,700	
18		3,895,200	3,356,800	
19		3,993,700	3,448,900	
20			3,541,000	
21			3,633,100	
22			3,725,200	

【준사관 봉급】 〈2022.1.4.기준〉

1호봉	7호봉	13호봉	19호봉	25호봉
2,289,600	2,943,000	3,596,400	4,249,800	4,903,200
2호봉	**8호봉**	**14호봉**	**20호봉**	**26호봉**
2,398,500	3,051,900	3,705,300	4,358,700	5,012,100
3호봉	**9호봉**	**15호봉**	**21호봉**	**27호봉**
2,507,400	3,160,800	3,814,200	4,467,600	5,121,000
4호봉	**10호봉**	**16호봉**	**22호봉**	
2,616,300	3,269,700	3,923,100	4,576,500	
5호봉	**11호봉**	**17호봉**	**23호봉**	
2,725,200	3,378,600	4,032,000	4,685,400	
6호봉	**12호봉**	**18호봉**	**24호봉**	
2,834,100	3,487,500	4,140,900	4,794,300	

【장교 봉급】 〈2022.1.4.기준〉

구분	장성	
계급 / 호봉	소장	준장
1	5,488,400	5,177,600
2	5,624,100	5,312,100
3	5,759,800	5,446,600
4	5,895,500	5,581,100
5	6,031,200	5,715,600
6	6,166,900	5,850,100
7	6,302,600	5,984,600
8	6,438,300	6,119,100
9	6,574,000	6,253,600
10	6,709,700	6,388,100

11	6,845,400	6,522,600
12	6,981,100	6,657,100
13	7,116,800	6,791,600

구분	영관		
계급 / 호봉	대령	중령	소령
1	4,203,300	3,694,800	3,044,000
2	4,344,700	3,836,100	3,182,000
3	4,486,100	3,977,400	3,320,000
4	4,627,500	4,118,700	3,458,000
5	4,768,900	4,260,000	3,596,000
6	4,910,300	4,401,300	3,734,000
7	5,051,700	4,542,600	3,872,000
8	5,193,100	4,683,900	4,010,000
9	5,334,500	4,825,200	4,148,000
10	5,475,900	4,966,500	4,286,000
11	5,617,300	5,107,800	4,424,000
12	5,758,700	5,249,100	4,562,000
13	5,900,100	5,390,400	4,700,000
14	6,041,500	5,531,700	4,838,000
15	6,182,900	5,673,000	

구분	위관		
계급 / 호봉	대위	중위	소위
1	2,476,000	1,920,900	1,755,500
2	2,606,100	2,030,000	1,859,000
3	2,736,200	2,139,100	1,962,500
4	2,866,300	2,248,200	
5	2,996,400	2,357,300	
6	3,126,500	2,466,400	

7	3,256,600	2,575,500	
8	3,386,700		
9	3,516,800		
10	3,646,900		
11	3,777,000		
12	3,907,100		
13			
14			
15			

▌수당

'수당'이란 직무여건 및 생활여건 등에 따라 지급되는 부가급여를 의미하며, 직업군인이 받는 수당의 종류는 다음과 같다.

1) 상여수당: 정근수당, 정근수당가산금, 대우공무원수당, 성과상여금
2) 가계보전수당: 가족수당, 자녀학비보조수당, 주택수당, 육아휴직수당
3) 초과근무수당 등: 관리업무수당, 시간외근무수당 등
4) 실비변상 등: 가계지원비, 명절휴가비, 교통보조비, 직급보조비, 연가보상비, 정액급식비
5) 특수근무수당 등 특수지근무수당, 위험근무수당, 특수업무수당, 업무대행수당, 군법무관 수당 등
6) 기타 해외파견근무수당, 재외근무수당 등

3
제대군인 지원제도

직업군인의 경우 일반 공무원과는 다르게 '계급정년'과 '근속정년'이 있기 때문에 60세 이하에 진급이 안 될 때 전역을 하는 경우가 있다. 이러한 경우에도 직업군인은 다양한 분야로 전직취업이 가능하다. 그 이유는 사회초년생20대부터 지휘관 또는 지휘자로서 리더십을 발휘한 경험이 있고, 국가기관에서 사용하는 행정시스템을 이용해 공문 작성, 보고서 작성 등 행정업무 경험이 있기 때문에 직업군인 출신들은 사회에서 높은 평가를 받는다. 그렇다면 직업군인으로 전역하면 어떤 방법으로 전직이직이 가능한지 알아보자.

전직 지원 교육

전직이란 직업이나 직무를 바꾸어 옮긴다는 뜻으로 직업군인은 5년 이상 군 복무를 하였을 시 국방전직교육원에서 진로설계, 진로교육, 전직 기본교육, 맞춤형 전문교육 등이 진행된다.

국방전직교육원이란?

국방부 산하 공공기관으로서 전역 예정 간부를 대상으로 진로설계, 진로교육, 전직 기본교육, 전직 컨설팅, 맞춤형 전문교육(기본/심화) 등의 교육과 청년 장병을 위한, 부대로 찾아가는 진로 도움 프로그램 및 뉴스타트, 취업박람회, 구인처 발굴, 취업정보 제공 및 취업상담, 취업 추천 등 다양한 전직 활동을 지원하는 기관

1) 진로설계

군 복무 중 온라인 및 소집 교육을 통해 군 복무 설계와 전역 후 진로에 대해 준비 및 역량 강화를 위한 기초과정이다.

2) 진로교육

군 복무 중 개발·향상된 개인별 직무역량을 확인하고 전역 이후에도 군 경력을 활용할 수 있도록 새로운 경력목표를 탐색·수립하는 과정이다.

3) 전직 기본교육

중·장기복무 전역 예정 간부의 전직준비를 지원하기 위해 전직 목표 취업, 창업, 귀농, 귀촌 등 맞춤형으로 지원하는 구직역량 향상 과정

구분	교육대상
중기복무자	5년 이상 10년 미만 중기복무 전역예정자
장기복무자	10년 이상 장기복무 전역예정자

4) 맞춤형 전문교육

군 간부의 직무능력과 특성을 고려하여 경쟁력 있는 자격과정 개발 및 맞춤식 교육으로 전역 예정 간부의 안정적 취업을 지원하는 과정이다.

5) 컨설팅

구직등록 시부터 복무 중 전문상담을 통해 조기에 진로목표를 설정하고 희망분야별 1:1 상담을 통한 구직지원으로 전역 후 빠른 재취업과 사회정착을 지원하는 과정이다.

- **제대군인지원센터**

제대군인지원센터란 5년 이상 중·장기복무 제대군인에게 전직 지원 서비스 관련 다양한 서비스 및 성공적 사회정착을 지원한다. 맞춤식 취·창업 상담 및 경력설계, 전문화된 교육프로그램 및 구직활동 지원 등을 통해 제대군인의 성공적인 사회진출을 지원하며, 중·장기 복무 제대군인을 위해 1:1 전문 상담사와 맞춤형 상담을 실시하고 있으며, 이력서 및 자기소개서 작성방법, 모의면접을 비롯해 제대군인에게 적합한 채용 정보를 제공하고 있다.

- **전직 지원금**

전직 지원금이란 5년 이상 19년 6개월 미만 복무하고 전역한 미취업 실업상태의 제대군인에게 지급되는 지원금이다. 제대군인지원 등록을 하고, 전역 후 6개월 이내에 지급 신청을 해야 하며, 구직활동을 하고 있다는 증명이 필요하다. 지급액은 장기복무자는 월 50만원, 중기 복무자는 월 25만원씩 최대 6개월까지 지원을 받을 수 있다. 단, 6개월 이내에 취업이 되었을 시에는 남은 총액의 1/2을 일시금으로 지급한다.

- 직업능력개발비 지원

직업능력개발비란 전역 후 3년 이내의 미취업자·창업자 또는 근로계약 기간 2년 이하의 비정규직 근로와 전역예정자국방전직교육원 전직기본교육 이수에게 지급되는 지원금이다. 교육 등록 전 상담사와 직업교육훈련에 대한 상담을 받으면 1인당 최대 150만원 한도로 지원금이 지급되며, 지원과정은 취업 또는 창업을 위한 직무수행능력을 습득, 향상 훈련과정으로서 전직목표와 관련성이 있는 과정을 신청할 수 있다.

제대군인지원 등록이란?

중·장기복무 제대군인이 '제대군인지원에 관한 법률'의 국가 지원 혜택을 받기 위해서는 제대군인지원 등록이 필요하다. 등록신청 자격은 5년 이상 현역으로 복무하고, 장교·준사관 또는 부사관으로 현재 거주하고 있는 주소지 관할 보훈관서에 방문 등록하는 방법과 우편, 인터넷(정부24) 신청이 가능하다. 신청 후 범죄경력 조회 및 군 복무기간 확인 후 결정이 되며, 신청일로부터 15일 이내에 통보된다.

4
제대군인 예비군 진급제도

대한민국 예비군ROK Reserve Forces, ROKRF은 대한민국 국군에 편제된 예비군이다. 편성 대상은 현역 이후 예비역으로 전역한 사람과 보충역을 만기제대 한 사람들이다. 예비군은 전시에는 현역에 해당되며, 예비군은 형식에 따라 지역예비군과 동원예비군으로 구분될 수가 있다. '지역예비군'은 거주지 근처에서 거주지 주변 지역을 벗어나지 않고 훈련이 이루어지며, 목적도 해당 지역의 주요시설 방어를 목적으로 한다.

'동원예비군' 같은 경우는 거주지와 무관하게 배치되며, 수도권 거주자가 수도권 이외에 지역에 배치될 수도 있다. 그 이유는 주로 수도권 이외 지역은 해당 지역이 방어에 필요한 병력에 비해서 인구가 부족해서 소집 가능한 인원이 적기 때문에 병력이 많은 지역에서 자원을 보충받는 개념이다.

예비군의 역사

1948년 11월 20일부터 1949년 8월 31일까지는 대한민국 국군이 징병제가 아닌 모병제지원한 사람들을 모집해서 군대를 유지하는 제도였으므로, 예비병력을 별도로 보유할 필요성이 있어서 현재의 미국, 일본, 유럽 등 모병제 국가들처럼 별도의 예비병력인 호국군과 간부 양성기관인 호국군사관학교가 있었으나 당시에는 큰 실효성이 없다는 이유로 폐지되었고, 체계적인 예비병력 조직이 없던 상태였다.

1961년 11월 대한민국 「향토예비군설치법」이 제정·공포되면서 향토예비군이 탄생했지만 한동안 유명무실有名無實: 이름만 그럴듯하고 실속은 없음한 존재였다. 그러다가 1968년 발생한 1·21사태와 10월의 울진-삼척 무장공비 침투사건으로 필요성이 확대되자 순식간에 확충되어 현재와 같은 조직이 되었다.

호국군사관학교

1948년 11월 20일 창군 당시 대한민국 국군은 정규군과 호국군으로 조직되었다. 호국군은 현재의 예비군에 해당하는 것으로, 호국군사관학교는 바로 이 호국군의 장교를 양성하기 위한 양성기관이다.

1·21 사태(一二一事態)

북한은 1968년 1월 21일 특수요원 31명을 침투시켜 청와대 기습을 시도했다. 대한민국의 대통령과 정부 요인을 살해하기 위해서였다. 이 당시 서울 세검정고개(서울시 종로구)까지 침투하였으나 대한민국 국군과 경찰은 합동작전을 펼쳐 즉시 이들을 소탕하였으며, 이 사건을 계기로 향토예비군이 창설되었고 방위력 증강사업도 적극적으로 추진하게 되었다.

울진-삼척 무장공비 침투사건

1968년 10월 30일부터 11월 1일까지 3일에 걸쳐 울진·삼척 지구 연안을 통하여 북한 측 무장공비 120명이 침투. 11월 4일 14시 30분, 간첩대책본부는 군 당국에 빗발치는 주민들의 신고를 수렴. 강원 정선·영월·삼척 지구에 을종사태[3]을 선포하고 군경과 예비군을 동원해 공비들의 퇴로를 차단, 포위망을 구축하고 본격적인 소탕작전에 돌입한 것을 일컫는다.
이 무장공비 침투사건은 대한민국 사회에 주요하고 큰 영향(반공질서의 강화)을 끼치게 되었다.

▌예비역 간부 진급

전시 소요대비 부족한 동원예비군 간부자원 확보와 예비역 간부의 사기 및 근무 의욕 증진하기 위해 일정 복무기간예비군 기간 포함이 경과할 경우 진급이 가능한 제도이다.

1) 지원자격

진급 최저 복무기간현역+예비군과 연령 기준을 충족하는 예비역이 지원 가능하다.

구분		최저 복무기간 (현역+예비역)	연령 (진급 후 3년 이상 예비역으로 복무 가능자)
부사관	하사 → 중사	하사로서 7년	40세까지
	중사 → 상사	중사로서 12년	45세까지

장교	중위 → 대위	중위로서 6년	40세까지
	대위 → 소령	대위로서 7년	42세까지
	소령 → 중령	소령으로서 7년	45세까지

단, 다음과 같은 경우에는 지원이 불가능하다.

– 예비역이 아닌 자: 지원 기간에 예비역인 간부만 지원 가능현역 또는 퇴역자는 지원 불가

– 지원자격 기준 미충족자: 최저복무기간 미경과자, 연령 초과자

– 이미 진급된 자: 예비역 간부 진급제도는 전역 당시 계급에서 1회에 한하여 한 단계 상위 계급으로만 진급 가능

2) 지원과정

예비군 간부 진급 자격이 충족되면 인터넷 예비군 홈페이지 또는 국방부 홈페이지를 통해 지원할 수 있으며, 구비서류와 신원조사 서류를 제출하고 서류전형이 진행된다. 이후 서류전형 합격자는 신체검사가 진행된다. 신체검사는 시력, 청력, 폐결핵, 고혈압, 빈혈, 당뇨병, 이상지혈증, 간질환, 신장 질환 등의 검사를 진행하며, 지정된 병원에서 신체검사를 받고 결과를 제출하면 된다. 진급 복무지도교육은 필수 교육으로 2차 신체검사까지 합격하더라도 교육을 수료하지 않으면 진급이 되지 않는다. 진급 복무지도교육은 각 군별 지정된 장소에서 진행되며, 2박 3일간 진행된 후 교육 수료 당일 진급이 진행된다.

3) 진급자 혜택

진급과 동시에 병적기록표 병적이란 병역의무자의 병역사항은 물론, 학력, 경력, 등록기준지 등을 상세히 기재한 것으로 병역자원 관리의 기본이 되는 것에 진급 계급으로 기록되며, 진급 선발 해당연도에는 동원훈련이 면제된다. 만약 해당 연도 훈련을 이미 이수한 자는 다음 해 훈련이 면제된다. 또한, 장교는 국방부장관, 부사관은 각 군 참모총장의 명으로 임명장을 수여한다. 중위에서 대위, 대위에서 소령, 중사에서 상사 진급은 군 간부로서 명예와 사명감이 다른 계급장으로 군 전역 후 새로운 도전을 통해 다시금 새롭게 마음을 잡을 수 있는 기회가 될 것이다.

참고 문헌

- [국방부] 민원·국민참여 〈 한 번에 정보찾기 〈 직업군인이 되는 법
- [목요세평] 21세기 최고의 직업 '군인', 충남일보, 2021.05.06.
- 직업군인이 되려면 무엇을 준비해야 할까?, 커리어 Info's, 2021.01.21.
- 공무원의 종류, 특정직부터 기능직까지…이렇게 다양했어?, 매일경제, 2015.08.25.
- 인기 직종으로 급부상하는 직업군인, 공감신문, 2019.05.09.
- '군무원'은 어떤 직업? 특정직 국가공무원… '지속성 유지' 장점, 동아닷컴, 2017.3.28.
- 국방개혁 2.0 e-book
- 2021년 국방부 업무보고, 2021.1.21.
- 국방개혁 2.0 4년, 달라진 우리 국방, 국방일보 2021.05.23.~25.
- 대한민국 군대와 예비군의 변천사 6가지, https://freshit.tistory.com/105
- 직업군인의 장점 12가지, https://brunch.co.kr/@pivack13/29
- 직업군인의 주거만족도, 실태와 제언, 2020.07.30.
- 직주근접 입지 '현대 그리너리 캠퍼스 별가람역' 눈길, 뉴스렙, 2021.03.19.
- ['국방개혁 2.0' 4년, 달라진 우리 국방] 국방부 전력자원관리실, 2021.05.24.
- 워라밸 트렌드 확산에 직주근접 아파트 인기, 아주경제 2021.05.29.
- https://brunch.co.kr/@ryangoon/52[ROTC 장교 한 번 해볼래?] 직업군인과 연금
- 직업군인 정년 나이 계급별 근속 총정리, blog.naver.com/for_my_blog/222275483137
- 계급 연령 근속… 세 가지의 군인정년, 국방일보, 2021.02.18.
- https://www.mnd.go.kr/mbshome/mbs/mnd/subview.jsp?id=mnd_011304040000
- https://blog.naver.com/limjui/222213518203
- [육군모집] 모집과정별 소개_장교 과정, 준사관 과정
- [공군모집] 모집과정별 소개_준사관 소개
- [해군모집] 모집과정별 소개_준사관 과정
- 21년 항공요격통제(AIC) 전문준사관 세부모집계획, 한국국방인재연수원
- 2021년 전반기 항공준사관 모집 계획, 대구공군부사관장교학원
- 해군, 2021년 항공요격통제(AIC) 전문준사관 세부모집계획 공고, 입대가이드
- [해군모집-모집공고-21년 해군 항공요격통제(AIC) 전문준사관 모집공고
- 이 땅의 푸른 깃발, 최연옥, 동양일보, 2021.05.06.
- 직업군인이 되는 법, 국방부, 민원·국민참여
- 육군사관학교 2022학년도 세부시행계획

- 2021년 육군3사관학교 59기 정시생도 모집요강
- 2021년도 육군 학군사관후보생 모집안내(62기, 63기)
- [육군모집 - 다운로드 - 군사관련 대학자료(학군단 설치대학)]
- 2021년 장교 간부사관 제43기 모집선발 계획(간부사관 모집공고 제2021-1호)
- 2021년 후반기 장교 전문사관 모집선발 계획(장교 전문사관 모집공고 제2021-3호)
- 2022학년도 해군사관학교 제80기 사관생도 모집요강(2021.3.22.)
- [해군사관학교-학과소개]
- 해군 제131기 사관후보생 세부모집 계획(2021.3.17.)
- 제131기 해병대사관후보생(男·女) 모집계획(2021.3.19.)
- 대한민국 해군-해군모집-장교모집-학군사관후보생
- 해군 ROTC(학군사관) 모집요강
- 제주대학교 학생군사교육단-ROTC 선발
- 대한민국 해군-해군모집-장교모집-예비장교후보생
- 해군 가산복무지원금 지급대상자 세부모집 계획(2021.3.17.)
- 국립한국교통대학교 학생군사교육단-모집안내 (모집일정/전형방법, 교육/복무/특전)
- 서울과학기술대학교-대학생활-특별교육과정-학군(ROTC)
- 공군 제147기 학사사관후보생 모집계획
- 21년도 조종분야 가산복무지원금 지급대상자 모집계획
- 공군 21년 1차 예비장교후보생 모집계획
- 경북전문대학교 육군부사관학군단-https://rntc.kbc.ac.kr
- 21년 민간 남군부사관 3기 모집 공고문(육군모집 홈페이지)
- [공군모집-부사관 소개] https://go.airforce.mil.kr
- [해병대모집-부사관 소개] https://www.rokmc.mil.kr
- 국가법령정보센터-국군조직법-제3조 각 군의 주 임무 등
- 군대 복무신조. 군필이라면 다 아는 복무신조, 한경잡앤조이, 2018.10.08.
- 육군모집-육군 간부의 길-육군 병과 소개 자료(https://www.goarmy.mil.kr)
- 무기백과사전, 한국국방안보포럼(KODEF), 유용원의 군사세계, 디지틀조선일보
- https://blog.naver.com/512988/221743132787
- https://blog.naver.com/monkeyqkqh/222010321094
- 대한민국 특수전사령부-특전부사관모집-지원자격(https://www.swc.mil.kr)
- 특전사란? 특전사 지원자격 및 선발과정(https://holiday741.tistory.com/294)
- "안 되면 되게 하라" 특전사 창설 63주년, 위키트리, 2021.4.1.

- 전차와 장갑차는 왜 엔진의 배치가 다를까?, 밀리터리 WHY, 국방홍보원
- 한화디펜스-사업분야-화력체계-K9 자주포, K55A1 자주포, K105A1 자주포
- K-21 보병전투장갑차(IFV)-대한민국 최초의 본격 보병전투장갑차 (무기백과사전)
- BMP-3 보병전투차-장갑차의 새로운 지평을 열다(무기백과사전)
- 다연장 로켓(국방과학기술용어사전, 2021.05.31.)
- M270 다연장 로켓 체계-전장을 초토화시키는 '강철비'(무기백과사전)
- K200 장갑차-한반도 지형에 맞춰 개발한 본격적인 첫 국산 장갑차(무기백과사전)
- 차륜형 장갑차-육군의 신형 장갑차 (무기의 세계, 김대영, 유용원의 군사세계)
- AH-64 아파치 공격 헬리콥터-육군을 지키는 하늘의 수호천사(무기백과사전)
- AH-1 코브라 공격헬기-수많은 전장을 누빈 본격 공격헬기의 원조(무기백과사전)
- MD 500 디펜더 헬리콥터-민수용 헬기에 기반한 저렴한 소형 공격헬기(무기백과사전)
- 비오-백오 [BO-百五](국방과학기술용어사전, 2021.05.31.)
- CH-47 [CH-47 Chinook](두산백과)
- UH-60 블랙호크-항상 병사들과 함께하는 믿음직한 하늘 위의 전우(무기백과사전)
- 수리온 [Korean Utility Helicopter1](국방과학기술용어사전, 2021. 05. 31.)
- 국가법령정보센터-국군조직법-제3조 각군의 주임무 등
- 대한민국 해군-해군모집-병과 소개(https://www.navy.mil.kr)
- 당신의 주특기는? 병과와 병과 마크 '해군' 편, 국방부블로그, 2017. 11. 3
- [M-프렌즈] 해군 특수부대, 해난구조전대 'SSU'에 대하여 알아보자!, 동고동락
- 해군 특수전전단(시사상식사전, pmg 지식엔진연구소)
- 한국의 특수부대(시사상식사전, pmg 지식엔진연구소)
- 대한민국 특수전사령부-특전부사관모집-지원자격(https://www.swc.mil.kr)
- 특전사란? 특전사 지원자격 및 선발과정(https://holiday741.tistory.com)
- 해군 제276기 부사관 모집요강
- 군사용어사전
- [대한민국 해군 홈페이지]-해군콘텐츠
- 국방과학기술용어사전
- 국가법령정보센터-국군조직법-제3조 각 군의 주 임무 등
- 당신의 주특기는? 병과와 병과 마크 '공군' 편, 동고동락(https://blog.naver.com/mnd9090)
- 공군 부사관 병과인 공군부사관 전투병과, 행정병과, 기술병과, 특수병과에 대해 알아보자(https://blog.naver.com/mjarmy0006)

- 제147기 학사사관후보생 모집계획
- 공군교육사령부-교육사광장-특기분류/결과 조회(https://atc.airforce.mil.kr)
- 특수부대, 공군 제6탐색구조비행전대 SART(https://blog.naver.com/ljp0511)
- 공군 제243기 부사관후보생 모집계획
- [대한민국 공군]-자료실-주요무기체계
- 국가법령정보센터-국군조직법-제3조 각군의 주임무 등
- 대한민국 해병대-교육훈련단-교육훈련-소개, 양성과정, 보수과정(https://etg.rokmc.mil.kr)
- [해병대모집]-커뮤니티-병과 소개(https://www.rokmc.mil.kr)
- 두산백과사전
- 육군의 핵심 병과! 꿈꾼이 김중령, ACE군인군무원 학원, 2020.7.3.
- 병과, 그것이 알고 싶다-육군 수송병과, blog.naver.com/star005, 2010.9.25.
- [대한민국해병대]-소개-해병대역사-해병대 7대작전(https://www.rokmc.mil.kr)
- 국가보훈처 공식 블로그-대한민국 해병대 최초 단독상륙잔전! 통영상륙작전, 2016.8.26.
- 통영상륙작전[統營上陸作戰](한국민족문화대백과, 한국학중앙연구원)
- 해병대 7대 전투(해병대 7대 작전), 마린
- IBS(시사상식사전, pmg 지식엔진연구소)
- [대한민국 해병대]-자료실-군사자료실-무기체계
- [한화디펜스]-사업분야-기동체계-KAAV
- [현대로템 공식블로그]-K1A2·K1E1, 성능개량으로 강해지는 전차!, 2020.5.22.
- 스파이크 대전차유도미사일- 실전 교훈으로부터 탄생한 신개념의 대전차유도미사일(무기백과사전, 한국국방안보포럼(KODEF), 유용원의 군사세계, 디지틀조선일보)
- 천무 - 차기 다연장 로켓포(무기의 세계, 김대영, 유용원의 군사세계)
- 연령정년제 [年齡停年制](경찰학사전, 2012.11.20, 신현기, 박억종, 안성률, 남재성, 이상열, 임준태, 조성택, 최미옥, 한형서)
- 근속 정년제[勤續停年制](이해하기 쉽게 쓴 행정학용어사전, 2010.3 25, 하동석, 유종해)
- 계급정년제[階級停年制, rank age-limit system, rank-limit system](이해하기 쉽게 쓴 행정학용어사전, 2010.3.25, 하동석, 유종해)
- 소령 정년 연장, 직업군인 정년 연장의 신호탄, 대경일보
- 직업군인 정년, 의무복무, 근속진급 등 총정리, 군인아빠
- 계급·연령·근속… 세 가지의 군인정년, 국방일보, 2021.02.18.
- [대한민국 국방부]-국방정책-장병복지증진-직업군인 복지지원(https://www.mnd.go.kr)

- 공무원보수규정 [별표 13] 〈개정 2022.1.4.〉-군인의 봉급표
- 국방전직교육원(교육원 소개, 교육과정 소개) https://www.moti.or.kr/r_index.jsp
- 제대군인지원센터(센터 소개, https://www.vnet.go.kr/cent/CentSeoul001.do
- https://blog.naver.com/mpvalove/222422270173
- https://blog.naver.com/mpvalove/222345274554
- 예비군 홈페이지-예비군 제도안내-예비역간부 진급안내

직업군인
진로탐구

펴낸날 2022년 12월 26일

지은이 이동환
펴낸이 주계수 | **편집책임** 이슬기 | **꾸민이** 김소은

펴낸곳 밥북 | **출판등록** 제 2014-000085 호
주소 서울시 마포구 양화로 7길 47 상훈빌딩 2층
전화 02-6925-0370 | **팩스** 02-6925-0380
홈페이지 www.bobbook.co.kr | **이메일** bobbook@hanmail.net

ISBN 979-11-5858-910-3(03390)